VERBES ESPAGNOLS

par

LEXUS

avec

Carmen Alonso-Bartol de Billinghurst

HARRAP

Edition publiée en France 1989
par Chambers Harrap Publishers Ltd
7 Hopetoun Crescent, Edinburgh EH7 4AY
Grande-Bretagne

Edition d'un format plus grand,
publiée en 1998, également publiée séparément
en intégra en 1998 (ISBN 0245 50365 X)

© Chambers Harrap Publishers Ltd 1998

Tous droits réservés. Toute reproduction intégrale
ou partielle, faite par quelque procédé que ce soit,
est soumise à l'autorisation préalable de l'éditeur.

ISBN 0245 50419 2

réimprimé 2001

Dépôt légal : janvier 1998

Printed and bound in Great Britain by
Omnia Books Limited, Glasgow

Table des Matières

Glossaire des Termes Grammaticaux — v

Introduction — ix

    A LES GROUPES DE VERBES — ix

    B L'EMPLOI DES TEMPS — ix

    C *SER* ET *ESTAR* — xviii

Tableaux des Conjugaisons

Index — *après le verbe 212*

Glossaire des Termes Grammaticaux

ACTIF
La voix active est la forme de base d'un verbe. Elle suit le modèle suivant : *je le vois*, c'est-à-dire que c'est le sujet (je) qui fait l'action, et s'oppose à la voix passive : *il est vu*.

AUXILIAIRE
L'auxiliaire s'utilise pour former les temps composés d'autres verbes. Par exemple **avoir** dans *j'ai vu*, ou **être** dans *je suis allé*. Les principaux auxiliaires en espagnol sont **haber**, **ser** et **estar**.

COMPOSE
Les temps composés sont des temps qui sont formés de deux éléments. En espagnol, les temps composés se construisent avec un **auxiliaire** suivi du verbe au **participe passé** ou **présent** : *he comprado, fue destruido, estoy escribiendo*.

CONDITIONNEL
On emploie ce mode pour décrire ce que quelqu'un ferait, ou un événement qui se produirait si une condition était remplie (par exemple : *je **viendrais** si je pouvais* ; *tu l'**aurais vu** si tu étais venue*).

CONJUGAISON
La conjugaison d'un verbe est l'ensemble des différentes formes de ce verbe à des temps et modes divers.

IMPERATIF
Mode utilisé pour donner des ordres (par exemple : *arrête !, ne regarde pas !*), ou pour faire des suggestions (par exemple : *allons-y*).

INDICATIF
Mode énonçant la réalité, comme dans *j'aime, il vint*. Il s'oppose au subjonctif, au conditionnel et à l'impératif.

vi GLOSSAIRE

INFINITIF
L'infinitif est la forme du verbe que l'on trouve dans les dictionnaires. Ainsi *manger*, *finir*, *prendre* sont des infinitifs. En espagnol, les infinitifs ont une terminaison en **-ar**, **-er** ou **-ir** : *hablar*, *comer*, *vivir*.

MODE
Nom donné aux quatre principales classifications dans lesquelles un verbe est conjugué. cf INDICATIF, SUBJONCTIF, CONDITIONNEL, IMPERATIF.

PARTICIPE PASSE
Le participe passé est la forme du verbe utilisée dans les temps composés (*j'ai mangé*, *j'ai dit*). On peut aussi l'utiliser comme adjectif (*il est bien élevé*).

PARTICIPE PRESENT
Le participe présent est la forme du verbe qui se termine par *-ant* en français (**-ando** ou **-iendo** en espagnol).

PASSIF
Un verbe est à la voix passive lorsque le sujet du verbe ne fait pas l'action, mais la subit. En français le passif se forme avec l'auxiliaire *être* et le participe passé du verbe (par exemple : *il fut récompensé*). En espagnol, on utilise l'auxiliaire **ser** suivi du participe passé du verbe.

PERSONNE
A tous les temps, il existe trois personnes au singulier (1ère : je ; 2ème : tu ; 3ème : il/elle), et trois au pluriel (1ère : nous ; 2ème : vous ; 3ème : ils/elles). Notez qu'en espagnol le 'vous' de politesse s'exprime par **usted** (sing.) et **ustedes** (pl.). Ils sont respectivement suivis du verbe aux troisièmes personnes du singulier et du pluriel.

PROPOSITION SUBORDONNEE
Groupe de mots avec un sujet et un verbe dépendant d'une autre proposition. Par exemple dans *il a dit qu'il partirait*, *qu'il partirait* est la proposition subordonnée dépendant de *il a dit*.

GLOSSAIRE

RACINE DES VERBES
La racine d'un verbe est 'l'unité de base' à laquelle s'ajoutent les différentes terminaisons. Pour trouver la racine d'un verbe espagnol, il suffit d'enlever **-ar**, **-er** ou **-ir** de l'infinitif. La racine de *hablar* est *habl*, la racine de *comer* est *com*, et la racine de *vivir* est *viv*.

REFLECHI
Les verbes réfléchis 'renvoient' l'action du sujet sur lui-même (*je me suis habillé*). On les trouve toujours accompagnés d'un pronom réfléchi. Ils sont très courants en espagnol.

SUBJONCTIF
Mode énonçant un doute, une volonté, un souhait (*il se peut qu'il vienne, je voudrais qu'il parte*).

TEMPS
Les verbes s'emploient à différents temps. Ceux-ci indiquent à quel moment l'action a eu lieu. Par exemple au présent, au passé ou au futur.

TERMINAISON
La terminaison d'un verbe est déterminée suivant que son sujet est à la 1ère, 2ème, 3ème personne du singulier ou du pluriel.

VOIX
Les deux voix d'un verbe sont la forme active et la forme passive.

Introduction

A LES GROUPES DE VERBES

Il existe trois groupes de verbes en espagnol. La terminaison du verbe à l'infinitif indique le type de conjugaison du verbe.

Tous les verbes se terminant par **-ar** appartiennent au premier groupe, comme **hablar** par exemple.

Tous les verbes se terminant par **-er** appartiennent au deuxième groupe, comme **comer** par exemple.

Tous les verbes se terminant par **-ir** appartiennent au troisième groupe, comme **vivir** par exemple.

Tous les verbes réguliers suivent le modèle d'un de ces types de conjugaison. Vous trouverez le modèle de conjugaison de ces verbes et celui d'un grand nombre de verbes irréguliers dans les tableaux de conjugaison de cet ouvrage.

B L'EMPLOI DES TEMPS

Les temps se forment en ajoutant différentes terminaisons à la racine du verbe (c'est-à-dire le verbe sans **-ar**, **-er** ou **-ir**).

La section suivante donne des explications accompagnées d'exemples sur l'usage des différents temps et modes qui apparaissent dans les tableaux de conjugaison de cet ouvrage.

1 On emploie le **PRESENT** :

  i) pour exprimer un état présent ou un fait du moment présent :

  estoy enfermo
  je suis malade

  vivo en Burdeos
  je vis à Bordeaux

  ii) pour exprimer des affirmations d'ordre général ou des vérités universelles :

  la vida es dura
  la vie est dure

  el tiempo es oro
  le temps c'est de l'argent

iii) pour exprimer un futur :

vuelvo ahora mismo
j'arrive tout de suite

mañana mismo lo termino
je terminerai demain

Le **PRESENT PROGRESSIF** d'un verbe se forme à partir de l'auxiliaire **estar** au présent suivi du verbe au participe présent (par exemple : **¿qué estás haciendo?** qu'est-ce que tu es en train de faire ? ; **están escuchando la radio** ils sont en train d'écouter la radio). On l'emploie :

i) lorsqu'une action est en train de se dérouler :

estoy escribiendo una carta
j'écris/je suis en train d'écrire une lettre

ii) pour exprimer une activité qui a débuté dans le passé et qui se poursuit dans le présent, même si elle ne se produit pas au moment où l'on parle :

estoy escribiendo un libro
j'écris/je suis en train d'écrire un livre

2 On emploie l'**IMPARFAIT** comme en français :

i) pour décrire une action qui se déroulait dans le passé :

hacía mucho ruido
il faisait beaucoup de bruit

ii) pour faire référence à une action qui a duré un certain temps, en opposition à un moment précis du passé :

mientras veíamos la televisión, un ladrón entró por la ventana
alors que nous regardions la télévision, un voleur entra par la fenêtre

iii) pour décrire une action habituelle du passé :

cuando era pequeño iba de vacaciones a Mallorca
quand j'étais jeune, j'allais en vacances à Majorque

iv) pour décrire le contexte d'une histoire :

el sol brillaba
le soleil brillait

Le **PASSE PROGRESSIF**. Comme le présent, l'imparfait a une forme progressive qui se construit avec l'auxiliaire **estar** à l'imparfait suivi d'un verbe au participe présent :

estábamos viendo una película
nous regardions/étions en train de regarder un film

3 Le **PASSE COMPOSE** s'emploie en général pour exprimer une action du passé ayant un lien avec le présent, sans que l'on spécifie quand cette action s'est produite. En espagnol le passé composé se construit toujours avec l'auxiliaire **haber** :

he conocido a tu hermano
j'ai fait la connaissance de ton frère

he leído el libro
j'ai lu le livre

4 On emploie le **PASSE SIMPLE** pour exprimer une action achevée du passé :

ayer fui a la discoteca
hier je suis allé à la discothèque

Pedro me llamó por teléfono
Pierre m'a téléphoné

5 Le **PLUS-QUE-PARFAIT** s'emploie :

i) (comme en français) pour exprimer une action ou un fait qui se déroulait ou s'était déroulé à une certaine date du passé :

mi amiga había llamado por teléfono
mon amie avait téléphoné

ii) pour exprimer une action achevée du passé qui s'est produite avant une autre action du passé :

cuando llegué, Elena ya se había marchado
quand je suis arrivé, Hélène était déjà partie

6 Le **FUTUR** s'emploie comme en français pour exprimer des faits qui vont se produire dans le futur :

este verano iré a España
cet été j'irai en Espagne

xii INTRODUCTION

Le futur peut aussi s'exprimer par l'emploi du verbe **ir** au présent suivi de la préposition **a**, puis du verbe à l'infinitif :

voy a estudiar
je vais étudier

van a comer con unos amigos
ils vont manger avec des amis

Vous noterez qu'en espagnol le futur s'exprime souvent par le présent (voir **1** iii ci-dessus).

7 Le FUTUR ANTERIEUR :

i) s'emploie pour indiquer qu'une action du futur sera achevée au moment où une deuxième action se sera produite :

lo habré terminado antes de que lleguen
j'aurai terminé avant qu'ils arrivent

ii) peut s'utiliser en espagnol pour exprimer une supposition concernant le présent :

lo habrá olvidado
il l'aura oublié

8 Le CONDITIONNEL PRESENT s'emploie :

i) dans certaines expressions pour exprimer un souhait :

me gustaría conocer a tu hermano
j'aimerais rencontrer ton frère

ii) pour faire référence à ce qui se passerait ou à ce que quelqu'un ferait dans certaines conditions :

si pasara eso, me pondría muy contento
si cela arrivait, je serais très content

9 Le CONDITIONNEL PASSE s'emploie pour exprimer ce qui se serait passé si certaines conditions avaient été remplies :

si hubieras llegado antes, lo habrías visto
si tu étais venu plus tôt, tu l'aurais vu

10 Le PASSE ANTERIEUR s'emploie en espagnol littéraire, et il est précédé d'une conjonction de temps :

cuando hubo terminado, se levantó
quand il eut fini, il se leva

11 On emploie principalement le **SUBJONCTIF** :

  i) dans des hypothèses où la condition n'a pas été réalisée ou n'est pas réalisable :

  si tuviera más tiempo, iría de paseo
  si j'avais plus de temps, j'irais me promener

  si me lo hubiera pedido, le habría prestado el dinero
  s'il me l'avait demandé, je lui aurais prêté l'argent

  si fuera mi cumpleaños
  si seulement c'était mon anniversaire

  ii) dans des propositions subordonnées introduites par des verbes exprimant une opinion personnelle (sentiment, souhait *etc.*) :

  siento que no puedas venir
  je suis désolé que tu ne puisses pas venir

  mi madre quiere que vaya a la Universidad
  ma mère veut que j'aille à l'université

  iii) avec des expressions impersonnelles :

  es fácil que suspenda el examen
  il est probable qu'il échoue à son examen

  iv) avec des expressions exprimant un doute :

  no creo que quiera ir al cine
  je ne pense pas qu'il veuille aller au cinéma

  dudo que lo sepa
  je doute qu'il le sache

  v) après des propositions relatives introduites par une principale à la forme négative, ou interrogative :

  ¿conoces a alguien que no quiera ganar mucho dinero?
  connais-tu quelqu'un qui ne veuille pas gagner beaucoup d'argent ?

  aquí no hay nadie que hable alemán
  ici il n'y a personne qui sache parler allemand

INTRODUCTION

vi) dans des expressions introduites par un pronom indéfini faisant référence à un fait qui doit se produire dans le futur, ou par une conjonction exprimant la concession :

quienquiera que venga, le diré que no puede entrar
si quelqu'un vient, je lui dirai qu'il ne peut pas entrer

dondequiera que esté, le encontraré
où qu'il soit, je le trouverai

vii) avec des verbes exprimant une exigence ou un conseil :

mi amiga me dijo que fuera a verla
mon amie m'a dit d'aller la voir

Carmen me aconsejó que dejara de fumar
Carmen m'a conseillé d'arrêter de fumer

viii) après certaines conjonctions lorsqu'elles expriment un futur ou une action qui se produira peut-être :

aunque llueva, iré a los toros
même s'il pleut, j'irai à la corrida

On emploie le subjonctif avec des conjonctions de temps lorsque le verbe de la principale est au futur, étant donné que l'on ne sait pas si l'action se produira :

en cuanto venga, se lo diré
dès qu'il arrive, je lui dirai

antes de que se vaya, hablaré con ella
je lui parlerai avant qu'elle parte

L'emploi de tel ou tel temps du subjonctif dépend du temps utilisé dans la principale.

On emploie le subjonctif présent lorsque le verbe de la principale est au présent, au futur, au passé composé ou à l'impératif.

On emploie le subjonctif imparfait lorsque le verbe de la principale est à l'imparfait, au passé simple ou au conditionnel.

On emploie le passé composé du subjonctif lorsque le verbe de la principale est au présent ou au futur, et que cette dernière est suivie d'une proposition qui fait référence à une action du passé.

quiero que me escribas
je veux que tu m'écrives

nos pedirá que lo terminemos
il nous demandera de le finir

me dijo que viniera
il m'a dit de venir

me gustaría que me escribieras
j'aimerais que tu m'écrives

dudo que haya llegado
je doute qu'il soit arrivé

12 Le **PARTICIPE PRESENT** s'utilise rarement seul.

  i) On l'emploie principalement avec **estar** au présent, pour construire les temps progressifs :

  estoy estudiando español
  j'étudie/je suis en train d'étudier l'espagnol

  estábamos comiendo una paella
  nous mangions/étions en train de manger une paella

  ii) Employé seul, il correspond à la forme verbale 'en faisant', 'en allant', et exprime la manière d'accomplir une action :

  entró silbando
  il est entré en sifflant

13 Le **PARTICIPE PASSE** peut non seulement s'employer pour former les temps composés, mais aussi seul comme adjectif :

  ese condenado coche
  cette fichue voiture

  está sentado/a
  il/elle est assis(e)

14 On emploie l'**IMPERATIF** pour donner des ordres ou faire des suggestions :

  ¡ven aquí!
  viens ici !

  ¡deja de hacer el tonto!
  arrête de faire l'imbécile !

  ¡ten cuidado!
  sois prudent !

  ¡vámonos!
  allons-y !

N.B. : Les deuxièmes personnes de l'impératif, lorsqu'elles sont à la forme **NEGATIVE**, se construisent avec les deuxièmes personnes du subjonctif :

no corras tanto
ne cours pas tant

15 On emploie l'**INFINITIF** :

i) après une préposition :

se fue sin hablar conmigo
il est parti sans me parler

al abrir la puerta
en ouvrant la porte

ii) comme complément d'objet direct d'un autre verbe :

pueden Vds pasar
vous pouvez entrer

me gusta bailar
j'aime danser

iii) comme nom (parfois précédé d'un article) :

el comer tanto no es bueno
il n'est pas bon de manger autant

16 On construit le **PASSIF** en utilisant le verbe **ser** suivi du participe passé. Le complément d'agent (ou celui qui fait l'action) est introduit par **por**. A la voix passive le participe passé s'accorde avec le sujet :

el perro fue atropellado por un coche
le chien fut écrasé par une voiture

las cartas han sido destruidas por el fuego
les lettres ont été détruites par le feu

On peut aussi exprimer une idée passive par une construction pronominale espagnole (comme en français) :

este ordenador se vende en Japón
cet ordinateur est vendu/se vend au Japon

Vous trouverez ci-contre un verbe entièrement conjugué au passif.

SER AMADO être aimé

PRESENT	IMPARFAIT	FUTUR
1 soy amado	era amado	seré amado
2 eres amado	eras amado	serás amado
3 es amado	era amado	será amado
1 somos amados	éramos amados	seremos amados
2 sois amados	erais amados	seréis amados
3 son amados	eran amados	serán amados

PASSE SIMPLE	PASSE COMPOSE	PLUS-QUE-PARFAIT
1 fui amado	he sido amado	había sido amado
2 fuiste amado	has sido amado	habías sido amado
3 fue amado	ha sido amado	había sido amado
1 fuimos amados	hemos sido amados	habíamos sido amados
2 fuisteis amados	habéis sido amados	habíais sido amados
3 fueron amados	han sido amados	habían sido amados

PASSE ANTERIEUR
hube sido amado *etc.*

FUTUR ANTERIEUR
habré sido amado *etc.*

CONDITIONNEL
PRESENT	PASSE
1 sería amado	habría sido amado
2 serías amado	habrías sido amado
3 sería amado	habría sido amado
1 seríamos amados	habríamos sido amados
2 seríais amados	habríais sido amados
3 serían amados	habrían sido amados

IMPERATIF

SUBJONCTIF
PRESENT	IMPARFAIT	PLUS-QUE-PARFAIT
1 sea amado	fu-era/ese amado	hub-iera/ese sido amado
2 seas amado	fu-eras/eses amado	hubi-eras/eses sido amado
3 sea amado	fu-era/ese amado	hubi-era/ese sido amado
1 seamos amados	fu-éramos/ésemos amados	hubi-éramos/semos sido amados
2 seáis amados	fu-erais/eseis amados	hubi-erais/eseis sido amados
3 sean amados	fu-eran/esen amados	hubi-eran/esen sido amados

PAS. COMP. haya sido amado *etc.*

INFINITIF	*PARTICIPE*
PRESENT	**PRESENT**
ser amado	siendo amado
PASSE	**PASSE**
haber sido amado	sido amado

C 'SER' ET 'ESTAR'

Ces deux verbes se traduisent par 'être'.

On emploie **ser** :

  i) pour exprimer l'identité :

   soy Elena
   je m'appelle Hélène

   es mi prima
   c'est ma cousine

 ii) pour indiquer l'origine ou la nationalité :

   él es de Madrid
   il est de Madrid

   mis amigos son madrileños
   mes amis sont madrilènes

iii) pour indiquer une qualité ou des caractéristiques :

   la playa es grande
   la plage est grande

   mi profesor es muy amable
   mon professeur est très gentil

 iv) pour exprimer une occupation :

   mi novio es arquitecto
   mon fiancé est architecte

  v) pour exprimer la possession :

   ese libro es de Ana
   ce livre est à Anne

 vi) pour indiquer le matériau dans lequel un objet est fait :

   la mesa es de madera
   la table est en bois

vii) pour indiquer le temps :

   es la una y media
   il est une heure et demie

   mañana es domingo
   demain c'est dimanche

viii) dans des expressions impersonnelles :

> **es mejor levantarse temprano**
> c'est mieux de se lever tôt

ix) pour construire la voix passive (voir p. xvi)

On emploie **estar** :

i) pour indiquer le lieu :

> **el hotel está en la calle principal**
> l'hôtel se trouve dans la rue principale
>
> **España está en Europa**
> l'Espagne se trouve en Europe

ii) pour exprimer un état ou une condition temporaires :

> **ese hombre está borracho**
> cet homme est ivre
>
> **el agua está fría**
> l'eau est froide

iii) dans la construction des temps progressifs :

> **estamos viendo la televisión**
> nous sommes en train de regarder la télévision

Le sens de certains mots peut changer suivant qu'on les emploie avec **ser** ou **estar** :

> **estoy listo**
> je suis prêt
>
> **es listo**
> il est malin

INTRODUCTION

N.B. : Dans les tableaux des conjugaisons on a utilisé les chiffres 1, 2, 3 pour indiquer les 1ère, 2ème et 3ème personnes des verbes au singulier et au pluriel. On trouvera d'abord les personnes du singulier suivies des personnes du pluriel.

Il est important de noter que la forme de politesse 'vous' (singulier et pluriel) se traduit en espagnol par **usted** au singulier, et **ustedes** au pluriel. Cependant ce sont des pronoms de la troisième personne du singulier et du pluriel. Ils sont donc suivis respectivement d'un verbe à la troisième personne du singulier et du pluriel.

Attention, note importante sur l'impératif à la page xvi.

ABANDONAR
abandonner

PRESENT	IMPARFAIT	FUTUR
1 abandono	abandonaba	abandonaré
2 abandonas	abandonabas	abandonarás
3 abandona	abandonaba	abandonará
1 abandonamos	abandonábamos	abandonaremos
2 abandonáis	abandonabais	abandonaréis
3 abandonan	abandonaban	abandonarán

PASSE SIMPLE	PASSE COMPOSE	PLUS-QUE-PARFAIT
1 abandoné	he abandonado	había abandonado
2 abandonaste	has abandonado	habías abandonado
3 abandonó	ha abandonado	había abandonado
1 abandonamos	hemos abandonado	habíamos abandonado
2 abandonasteis	habéis abandonado	habíais abandonado
3 abandonaron	han abandonado	habían abandonado

PASSE ANTERIEUR
hube abandonado *etc.*

FUTUR ANTERIEUR
habré abandonado *etc.*

CONDITIONNEL

PRESENT	PASSE	*IMPERATIF*
1 abandonaría	habría abandonado	
2 abandonarías	habrías abandonado	(tú) abandona
3 abandonaría	habría abandonado	(Vd) abandone
1 abandonaríamos	habríamos abandonado	(nosotros) abandonemos
2 abandonaríais	habríais abandonado	(vosotros) abandonad
3 abandonarían	habrían abandonado	(Vds) abandonen

SUBJONCTIF

PRESENT	IMPARFAIT	PLUS-QUE-PARFAIT
1 abandone	abandon-ara/ase	hubiera abandonado
2 abandones	abandon-aras/ases	hubieras abandonado
3 abandone	abandon-ara/ase	hubiera abandonado
1 abandonemos	abandon-áramos/ásemos	hubiéramos abandonado
2 abandonéis	abandon-arais/aseis	hubierais abandonado
3 abandonen	abandon-aran/asen	hubieran abandonado

PAS. COMP. haya abandonado *etc.*

INFINITIF	*PARTICIPE*
PRESENT	**PRESENT**
abandonar	abandonando
PASSE	**PASSE**
haber abandonado	abandonado

2 ABOLIR
abolir

	PRESENT	IMPARFAIT	FUTUR
1		abolía	aboliré
2		abolías	abolirás
3		abolía	abolirá
1	abolimos	abolíamos	aboliremos
2	abolís	abolíais	aboliréis
3		abolían	abolirán

	PASSE SIMPLE	PASSE COMPOSE	PLUS-QUE-PARFAIT
1	abolí	he abolido	había abolido
2	aboliste	has abolido	habías abolido
3	abolió	ha abolido	había abolido
1	abolimos	hemos abolido	habíamos abolido
2	abolisteis	habéis abolido	habíais abolido
3	abolieron	han abolido	habían abolido

PASSE ANTERIEUR

hube abolido *etc.*

FUTUR ANTERIEUR

habré abolido *etc.*

CONDITIONNEL

	PRESENT	PASSE	*IMPERATIF*
1	aboliría	habría abolido	
2	abolirías	habrías abolido	
3	aboliría	habría abolido	
1	aboliríamos	habríamos abolido	(nosotros) abolamos
2	aboliríais	habríais abolido	(vosotros) abolid
3	abolirían	habrían abolido	

SUBJONCTIF

	PRESENT	IMPARFAIT	PLUS-QUE-PARFAIT
1		abol-iera/iese	hubiera abolido
2		abol-ieras/ieses	hubieras abolido
3		abol-iera/iese	hubiera abolido
1		abol-iéramos/iésemos	hubiéramos abolido
2		abol-ierais/ieseis	hubierais abolido
3		abol-ieran/iesen	hubieran abolido

PAS. COMP. haya abolido *etc.*

INFINITIF	*PARTICIPE*
PRESENT	**PRESENT**
abolir	aboliendo
PASSE	**PASSE**
haber abolido	abolido

ABORRECER 3
détester

PRESENT	**IMPARFAIT**	**FUTUR**
1 aborrezco	aborrecía	aborreceré
2 aborreces	aborrecías	aborrecerás
3 aborrece	aborrecía	aborrecerá
1 aborrecemos	aborrecíamos	aborreceremos
2 aborrecéis	aborrecíais	aborreceréis
3 aborrecen	aborrecían	aborrecerán

PASSE SIMPLE	**PASSE COMPOSE**	**PLUS-QUE-PARFAIT**
1 aborrecí	he aborrecido	había aborrecido
2 aborreciste	has aborrecido	habías aborrecido
3 aborreció	ha aborrecido	había aborrecido
1 aborrecimos	hemos aborrecido	habíamos aborrecido
2 aborrecisteis	habéis aborrecido	habíais aborrecido
3 aborrecieron	han aborrecido	habían aborrecido

PASSE ANTERIEUR

hube aborrecido *etc.*

FUTUR ANTERIEUR

habré aborrecido *etc.*

CONDITIONNEL
PRESENT — PASSE — *IMPERATIF*

PRESENT	**PASSE**	
1 aborrecería	habría aborrecido	
2 aborrecerías	habrías aborrecido	(tú) aborrece
3 aborrecería	habría aborrecido	(Vd) aborrezca
1 aborreceríamos	habríamos aborrecido	(nosotros) aborrezcamos
2 aborreceríais	habríais aborrecido	(vosotros) aborreced
3 aborrecerían	habrían aborrecido	(Vds) aborrezcan

SUBJONCTIF

PRESENT	**IMPARFAIT**	**PLUS-QUE-PARFAIT**
1 aborrezca	aborrec-iera/iese	hubiera aborrecido
2 aborrezcas	aborrec-ieras/ieses	hubieras aborrecido
3 aborrezca	aborrec-iera/iese	hubiera aborrecido
1 aborrezcamos	aborrec-iéramos/iésemos	hubiéramos aborrecido
2 aborrezcáis	aborrec-ierais/ieseis	hubierais aborrecido
3 aborrezcan	aborrec-ieran/iesen	hubieran aborrecido

PAS. COMP. haya aborrecido *etc.*

INFINITIF	*PARTICIPE*
PRESENT	**PRESENT**
aborrecer	aborreciendo
PASSE	**PASSE**
haber aborrecido	aborrecido

4 ABRIR
ouvrir

	PRESENT	**IMPARFAIT**	**FUTUR**
1	abro	abría	abriré
2	abres	abrías	abrirás
3	abre	abría	abrirá
1	abrimos	abríamos	abriremos
2	abrís	abríais	abriréis
3	abren	abrían	abrirán

	PASSE SIMPLE	**PASSE COMPOSE**	**PLUS-QUE-PARFAIT**
1	abrí	he abierto	había abierto
2	abriste	has abierto	habías abierto
3	abrió	ha abierto	había abierto
1	abrimos	hemos abierto	habíamos abierto
2	abristeis	habéis abierto	habíais abierto
3	abrieron	han abierto	habían abierto

PASSE ANTERIEUR

hube abierto *etc.*

FUTUR ANTERIEUR

habré abierto *etc.*

CONDITIONNEL

	PRESENT	**PASSE**	*IMPERATIF*
1	abriría	habría abierto	
2	abrirías	habrías abierto	(tú) abre
3	abriría	habría abierto	(Vd) abra
1	abriríamos	habríamos abierto	(nosotros) abramos
2	abriríais	habríais abierto	(vosotros) abrid
3	abrirían	habrían abierto	(Vds) abran

SUBJONCTIF

	PRESENT	**IMPARFAIT**	**PLUS-QUE-PARFAIT**
1	abra	abr-iera/iese	hubiera abierto
2	abras	abr-ieras/ieses	hubieras abierto
3	abra	abr-iera/iese	hubiera abierto
1	abramos	abr-iéramos/iésemos	hubiéramos abierto
2	abráis	abr-ierais/ieseis	hubierais abierto
3	abran	abr-ieran/iesen	hubieran abierto

PAS. COMP. haya abierto *etc.*

INFINITIF	*PARTICIPE*
PRESENT	**PRESENT**
abrir	abriendo
PASSE	**PASSE**
haber abierto	abierto

ACABAR 5
finir

PRESENT
1 acabo
2 acabas
3 acaba
1 acabamos
2 acabáis
3 acaban

IMPARFAIT
acababa
acababas
acababa
acabábamos
acababais
acababan

FUTUR
acabaré
acabarás
acabará
acabaremos
acabaréis
acabarán

PASSE SIMPLE
1 acabé
2 acabaste
3 acabó
1 acabamos
2 acabasteis
3 acabaron

PASSE COMPOSE
he acabado
has acabado
ha acabado
hemos acabado
habéis acabado
han acabado

PLUS-QUE-PARFAIT
había acabado
habías acabado
había acabado
habíamos acabado
habíais acabado
habían acabado

PASSE ANTERIEUR
hube acabado *etc*.

FUTUR ANTERIEUR
habré acabado *etc*.

CONDITIONNEL
PRESENT
1 acabaría
2 acabarías
3 acabaría
1 acabaríamos
2 acabaríais
3 acabarían

PASSE
habría acabado
habrías acabado
habría acabado
habríamos acabado
habríais acabado
habrían acabado

IMPERATIF

(tú) acaba
(Vd) acabe
(nosotros) acabemos
(vosotros) acabad
(Vds) acaben

SUBJONCTIF
PRESENT
1 acabe
2 acabes
3 acabe
1 acabemos
2 acabéis
3 acaben

IMPARFAIT
acab-ara/ase
acab-aras/ases
acab-ara/ase
acab-áramos/ásemos
acab-arais/aseis
acab-aran/asen

PLUS-QUE-PARFAIT
hubiera acabado
hubieras acabado
hubiera acabado
hubiéramos acabado
hubierais acabado
hubieran acabado

PAS. COMP. haya acabado *etc*.

INFINITIF
PRESENT
acabar

PASSE
haber acabado

PARTICIPE
PRESENT
acabando

PASSE
acabado

6 ACENTUAR
accentuer

PRESENT	**IMPARFAIT**	**FUTUR**
1 acentúo	acentuaba	acentuaré
2 acentúas	acentuabas	acentuarás
3 acentúa	acentuaba	acentuará
1 acentuamos	acentuábamos	acentuaremos
2 acentuáis	acentuabais	acentuaréis
3 acentúan	acentuaban	acentuarán

PASSE SIMPLE	**PASSE COMPOSE**	**PLUS-QUE-PARFAIT**
1 acentué	he acentuado	había acentuado
2 acentuaste	has acentuado	habías acentuado
3 acentuó	ha acentuado	había acentuado
1 acentuamos	hemos acentuado	habíamos acentuado
2 acentuasteis	habéis acentuado	habíais acentuado
3 acentuaron	han acentuado	habían acentuado

PASSE ANTERIEUR
hube acentuado *etc.*

FUTUR ANTERIEUR
habré acentuado *etc.*

CONDITIONNEL

PRESENT	**PASSE**	*IMPERATIF*
1 acentuaría	habría acentuado	
2 acentuarías	habrías acentuado	(tú) acentúa
3 acentuaría	habría acentuado	(Vd) acentúe
1 acentuaríamos	habríamos acentuado	(nosotros) acentuemos
2 acentuaríais	habríais acentuado	(vosotros) acentuad
3 acentuarían	habrían acentuado	(Vds) acentúen

SUBJONCTIF

PRESENT	**IMPARFAIT**	**PLUS-QUE-PARFAIT**
1 acentúe	acentu-ara/ase	hubiera acentuado
2 acentúes	acentu-aras/ases	hubieras acentuado
3 acentúe	acentu-ara/ase	hubiera acentuado
1 acentuemos	acentu-áramos/ásemos	hubiéramos acentuado
2 acentuéis	acentu-arais/aseis	hubierais acentuado
3 acentúen	acentu-aran/asen	hubieran acentuado

PAS. COMP. haya acentuado *etc.*

INFINITIF	*PARTICIPE*
PRESENT	**PRESENT**
acentuar	acentuando
PASSE	**PASSE**
haber acentuado	acentuado

ACERCARSE 7
s'approcher de

PRESENT	**IMPARFAIT**	**FUTUR**
1 me acerco	me acercaba	me acercaré
2 te acercas	te acercabas	te acercarás
3 se acerca	se acercaba	se acercará
1 nos acercamos	nos acercábamos	nos acercaremos
2 os acercáis	os acercabais	os acercaréis
3 se acercan	se acercaban	se acercarán

PASSE SIMPLE	**PASSE COMPOSE**	**PLUS-QUE-PARFAIT**
1 me acerqué	me he acercado	me había acercado
2 te acercaste	te has acercado	te habías acercado
3 se acercó	se ha acercado	se había acercado
1 nos acercamos	nos hemos acercado	nos habíamos acercado
2 os acercasteis	os habéis acercado	os habíais acercado
3 se acercaron	se han acercado	se habían acercado

PASSE ANTERIEUR

me hube acercado *etc.*

FUTUR ANTERIEUR

me habré acercado *etc.*

CONDITIONNEL
PRESENT — PASSE — *IMPERATIF*

1 me acercaría	me habría acercado	
2 te acercarías	te habrías acercado	(tú) acércate
3 se acercaría	se habría acercado	(Vd) acérquese
1 nos acercaríamos	nos habríamos acercado	(nosotros) acerquémonos
2 os acercaríais	os habríais acercado	(vosotros) acercaos
3 se acercarían	se habrían acercado	(Vds) acérquense

SUBJONCTIF
PRESENT — IMPARFAIT — PLUS-QUE-PARFAIT

1 me acerque	me acerc-ara/ase	me hubiera acercado
2 te acerques	te acerc-aras/ases	te hubieras acercado
3 se acerque	se acerc-ara/ase	se hubiera acercado
1 nos acerquemos	nos acerc-áramos/ásemos	nos hubiéramos acercado
2 os acerquéis	os acerc-arais/aseis	os hubierais acercado
3 se acerquen	se acerc-aran/asen	se hubieran acercado

PAS. COMP. me haya acercado *etc.*

INFINITIF	*PARTICIPE*
PRESENT	**PRESENT**
acercarse	acercándose
PASSE	**PASSE**
haberse acercado	acercado

8 ACORDARSE
se souvenir

PRESENT	**IMPARFAIT**	**FUTUR**
1 me acuerdo	me acordaba	me acordaré
2 te acuerdas	te acordabas	te acordarás
3 se acuerda	se acordaba	se acordará
1 nos acordamos	nos acordábamos	nos acordaremos
2 os acordáis	os acordabais	os acordaréis
3 se acuerdan	se acordaban	se acordarán

PASSE SIMPLE	**PASSE COMPOSE**	**PLUS-QUE-PARFAIT**
1 me acordé	me he acordado	me había acordado
2 te acordaste	te has acordado	te habías acordado
3 se acordó	se ha acordado	se había acordado
1 nos acordamos	nos hemos acordado	nos habíamos acordado
2 os acordasteis	os habéis acordado	os habíais acordado
3 se acordaron	se han acordado	se habían acordado

PASSE ANTERIEUR
me hube acordado *etc*.

FUTUR ANTERIEUR
me habré acordado *etc*.

CONDITIONNEL

PRESENT	**PASSE**	*IMPERATIF*
1 me acordaría	me habría acordado	
2 te acordarías	te habrías acordado	(tú) acuérdate
3 se acordaría	se habría acordado	(Vd) acuérdese
1 nos acordaríamos	nos habríamos acordado	(nosotros) acordémonos
2 os acordaríais	os habríais acordado	(vosotros) acordaos
3 se acordarían	se habrían acordado	(Vds) acuérdense

SUBJONCTIF

PRESENT	**IMPARFAIT**	**PLUS-QUE-PARFAIT**
1 me acuerde	me acord-ara/ase	me hubiera acordado
2 te acuerdes	te acord-aras/ases	te hubieras acordado
3 se acuerde	se acord-ara/ase	se hubiera acordado
1 nos acordemos	nos acord-áramos/ásemos	nos hubiéramos acordado
2 os acordéis	os acord-arais/aseis	os hubierais acordado
3 se acuerden	se acord-aran/asen	se hubieran acordado

PAS. COMP. me haya acordado *etc*.

INFINITIF	*PARTICIPE*
PRESENT	**PRESENT**
acordarse	acordándose
PASSE	**PASSE**
haberse acordado	acordado

ADQUIRIR 9
acquérir

PRESENT	IMPARFAIT	FUTUR
1 adquiero	adquiría	adquiriré
2 adquieres	adquirías	adquirirás
3 adquiere	adquiría	adquirirá
1 adquirimos	adquiríamos	adquiriremos
2 adquirís	adquiríais	adquiriréis
3 adquieren	adquirían	adquirirán

PASSE SIMPLE	PASSE COMPOSE	PLUS-QUE-PARFAIT
1 adquirí	he adquirido	había adquirido
2 adquiriste	has adquirido	habías adquirido
3 adquirió	ha adquirido	había adquirido
1 adquirimos	hemos adquirido	habíamos adquirido
2 adquiristeis	habéis adquirido	habíais adquirido
3 adquirieron	han adquirido	habían adquirido

PASSE ANTERIEUR

hube adquirido *etc.*

FUTUR ANTERIEUR

habré adquirido *etc.*

CONDITIONNEL

PRESENT	PASSE	*IMPERATIF*
1 adquiriría	habría adquirido	
2 adquirirías	habrías adquirido	(tú) adquiere
3 adquiriría	habría adquirido	(Vd) adquiera
1 adquiriríamos	habríamos adquirido	(nosotros) adquiramos
2 adquiriríais	habríais adquirido	(vosotros) adquirid
3 adquirirían	habrían adquirido	(Vds) adquieran

SUBJONCTIF

PRESENT	IMPARFAIT	PLUS-QUE-PARFAIT
1 adquiera	adquir-iera/iese	hubiera adquirido
2 adquieras	adquir-ieras/ieses	hubieras adquirido
3 adquiera	adquir-iera/iese	hubiera adquirido
1 adquiramos	adquir-iéramos/iésemos	hubiéramos adquirido
2 adquiráis	adquir-ierais/ieseis	hubierais adquirido
3 adquieran	adquir-ieran/iesen	hubieran adquirido

PAS. COMP. haya adquirido *etc.*

INFINITIF	*PARTICIPE*
PRESENT	**PRESENT**
adquirir	adquiriendo
PASSE	**PASSE**
haber adquirido	adquirido

10 AGORAR
prédire

PRESENT	**IMPARFAIT**	**FUTUR**
1 agüero	agoraba	agoraré
2 agüeras	agorabas	agorarás
3 agüera	agoraba	agorará
1 agoramos	agorábamos	agoraremos
2 agoráis	agorabais	agoraréis
3 agüeran	agoraban	agorarán

PASSE SIMPLE	**PASSE COMPOSE**	**PLUS-QUE-PARFAIT**
1 agoré	he agorado	había agorado
2 agoraste	has agorado	habías agorado
3 agoró	ha agorado	había agorado
1 agoramos	hemos agorado	habíamos agorado
2 agorasteis	habéis agorado	habíais agorado
3 agoraron	han agorado	habían agorado

PASSE ANTERIEUR
hube agorado *etc.*

FUTUR ANTERIEUR
habré agorado *etc.*

CONDITIONNEL

PRESENT	**PASSE**	**IMPERATIF**
1 agoraría	habría agorado	
2 agorarías	habrías agorado	(tú) agüera
3 agoraría	habría agorado	(Vd) agüere
1 agoraríamos	habríamos agorado	(nosotros) agoremos
2 agoraríais	habríais agorado	(vosotros) agorad
3 agorarían	habrían agorado	(Vds) agüeren

SUBJONCTIF

PRESENT	**IMPARFAIT**	**PLUS-QUE-PARFAIT**
1 agüere	agor-ara/ase	hubiera agorado
2 agüeres	agor-aras/ases	hubieras agorado
3 agüere	agor-ara/ase	hubiera agorado
1 agoremos	agor-áramos/ásemos	hubiéramos agorado
2 agoréis	agor-arais/aseis	hubierais agorado
3 agüeren	agor-aran/asen	hubieran agorado

PAS. COMP. haya agorado *etc.*

INFINITIF	**PARTICIPE**
PRESENT	**PRESENT**
agorar	agorando
PASSE	**PASSE**
haber agorado	agorado

AGRADECER 11
être reconnaissant de

PRESENT	IMPARFAIT	FUTUR
1 agradezco	agradecía	agradeceré
2 agradeces	agradecías	agradecerás
3 agradece	agradecía	agradecerá
1 agradecemos	agradecíamos	agradeceremos
2 agradecéis	agradecíais	agradeceréis
3 agradecen	agradecían	agradecerán

PASSE SIMPLE	PASSE COMPOSE	PLUS-QUE-PARFAIT
1 agradecí	he agradecido	había agradecido
2 agradeciste	has agradecido	habías agradecido
3 agradeció	ha agradecido	había agradecido
1 agradecimos	hemos agradecido	habíamos agradecido
2 agradecisteis	habéis agradecido	habíais agradecido
3 agradecieron	han agradecido	habían agradecido

PASSE ANTERIEUR

hube agradecido *etc.*

FUTUR ANTERIEUR

habré agradecido *etc.*

CONDITIONNEL

PRESENT	PASSE	*IMPERATIF*
1 agradecería	habría agradecido	
2 agradecerías	habrías agradecido	(tú) agradece
3 agradecería	habría agradecido	(Vd) agradezca
1 agradeceríamos	habríamos agradecido	(nosotros) agradezcamos
2 agradeceríais	habríais agradecido	(vosotros) agradeced
3 agradecerían	habrían agradecido	(Vds) agradezcan

SUBJONCTIF

PRESENT	IMPARFAIT	PLUS-QUE-PARFAIT
1 agradezca	agradec-iera/iese	hubiera agradecido
2 agradezcas	agradec-ieras/ieses	hubieras agradecido
3 agradezca	agradec-iera/iese	hubiera agradecido
1 agradezcamos	agradec-iéramos/iésemos	hubiéramos agradecido
2 agradezcáis	agradec-ierais/ieseis	hubierais agradecido
3 agradezcan	agradec-ieran/iesen	hubieran agradecido

PAS. COMP. haya agradecido *etc.*

INFINITIF	*PARTICIPE*
PRESENT	**PRESENT**
agradecer	agradeciendo
PASSE	**PASSE**
haber agradecido	agradecido

12 ALCANZAR
attraper, atteindre

PRESENT	IMPARFAIT	FUTUR
1 alcanzo	alcanzaba	alcanzaré
2 alcanzas	alcanzabas	alcanzarás
3 alcanza	alcanzaba	alcanzará
1 alcanzamos	alcanzábamos	alcanzaremos
2 alcanzáis	alcanzabais	alcanzaréis
3 alcanzan	alcanzaban	alcanzarán

PASSE SIMPLE	PASSE COMPOSE	PLUS-QUE-PARFAIT
1 alcancé	he alcanzado	había alcanzado
2 alcanzaste	has alcanzado	habías alcanzado
3 alcanzó	ha alcanzado	había alcanzado
1 alcanzamos	hemos alcanzado	habíamos alcanzado
2 alcanzasteis	habéis alcanzado	habíais alcanzado
3 alcanzaron	han alcanzado	habían alcanzado

PASSE ANTERIEUR
hube alcanzado *etc.*

FUTUR ANTERIEUR
habré alcanzado *etc.*

CONDITIONNEL

PRESENT	PASSE	*IMPERATIF*
1 alcanzaría	habría alcanzado	
2 alcanzarías	habrías alcanzado	(tú) alcanza
3 alcanzaría	habría alcanzado	(Vd) alcance
1 alcanzaríamos	habríamos alcanzado	(nosotros) alcancemos
2 alcanzaríais	habríais alcanzado	(vosotros) alcanzad
3 alcanzarían	habrían alcanzado	(Vds) alcancen

SUBJONCTIF

PRESENT	IMPARFAIT	PLUS-QUE-PARFAIT
1 alcance	alcanz-ara/ase	hubiera alcanzado
2 alcances	alcanz-aras/ases	hubieras alcanzado
3 alcance	alcanz-ara/ase	hubiera alcanzado
1 alcancemos	alcanz-áramos/ásemos	hubiéramos alcanzado
2 alcancéis	alcanz-arais/aseis	hubierais alcanzado
3 alcancen	alcanz-aran/asen	hubieran alcanzado

PAS. COMP. haya alcanzado *etc.*

INFINITIF	*PARTICIPE*
PRESENT	**PRESENT**
alcanzar	alcanzando
PASSE	**PASSE**
haber alcanzado	alcanzado

ALMORZAR 13
prendre son déjeuner

	PRESENT	IMPARFAIT	FUTUR
1	almuerzo	almorzaba	almorzaré
2	almuerzas	almorzabas	almorzarás
3	almuerza	almorzaba	almorzará
1	almorzamos	almorzábamos	almorzaremos
2	almorzáis	almorzabais	almorzaréis
3	almuerzan	almorzaban	almorzarán

	PASSE SIMPLE	PASSE COMPOSE	PLUS-QUE-PARFAIT
1	almorcé	he almorzado	había almorzado
2	almorzaste	has almorzado	habías almorzado
3	almorzó	ha almorzado	había almorzado
1	almorzamos	hemos almorzado	habíamos almorzado
2	almorzasteis	habéis almorzado	habíais almorzado
3	almorzaron	han almorzado	habían almorzado

PASSE ANTERIEUR
hube almorzado *etc.*

FUTUR ANTERIEUR
habré almorzado *etc.*

CONDITIONNEL
	PRESENT	PASSE	IMPERATIF
1	almorzaría	habría almorzado	
2	almorzarías	habrías almorzado	(tú) almuerza
3	almorzaría	habría almorzado	(Vd) almuerce
1	almorzaríamos	habríamos almorzado	(nosotros) almorcemos
2	almorzaríais	habríais almorzado	(vosotros) almorzad
3	almorzarían	habrían almorzado	(Vds) almuercen

SUBJONCTIF
	PRESENT	IMPARFAIT	PLUS-QUE-PARFAIT
1	almuerce	almorz-ara/ase	hubiera almorzado
2	almuerces	almorz-aras/ases	hubieras almorzado
3	almuerce	almorz-ara/ase	hubiera almorzado
1	almorcemos	almorz-áramos/ásemos	hubiéramos almorzado
2	almorcéis	almorz-arais/aseis	hubierais almorzado
3	almuercen	almorz-aran/asen	hubieran almorzado

PAS. COMP. haya almorzado *etc.*

INFINITIF	PARTICIPE
PRESENT	**PRESENT**
almorzar	almorzando
PASSE	**PASSE**
haber almorzado	almorzado

14 AMANECER
commencer à faire jour

PRESENT	IMPARFAIT	FUTUR
1 amanezco	amanecía	amaneceré
2 amaneces	amanecías	amanecerás
3 amanece	amanecía	amanecerá
1 amanecemos	amanecíamos	amaneceremos
2 amanecéis	amanecíais	amaneceréis
3 amanecen	amanecían	amanecerán

PASSE SIMPLE	PASSE COMPOSE	PLUS-QUE-PARFAIT
1 amanecí	he amanecido	había amanecido
2 amaneciste	has amanecido	habías amanecido
3 amaneció	ha amanecido	había amanecido
1 amanecimos	hemos amanecido	habíamos amanecido
2 amanecisteis	habéis amanecido	habíais amanecido
3 amanecieron	han amanecido	habían amanecido

PASSE ANTERIEUR
hube amanecido *etc.*

FUTUR ANTERIEUR
habré amanecido *etc.*

CONDITIONNEL

PRESENT	PASSE	IMPERATIF
1 amanecería	habría amanecido	
2 amanecerías	habrías amanecido	(tú) amanece
3 amanecería	habría amanecido	(Vd) amanezca
1 amaneceríamos	habríamos amanecido	(nosotros) amanezcamos
2 amaneceríais	habríais amanecido	(vosotros) amaneced
3 amanecerían	habrían amanecido	(Vds) amanezcan

SUBJONCTIF

PRESENT	IMPARFAIT	PLUS-QUE-PARFAIT
1 amanezca	amanec-iera/iese	hubiera amanecido
2 amanezcas	amanec-ieras/ieses	hubieras amanecido
3 amanezca	amanec-iera/iese	hubiera amanecido
1 amanezcamos	amanec-iéramos/iésemos	hubiéramos amanecido
2 amanezcáis	amanec-ierais/ieseis	hubierais amanecido
3 amanezcan	amanec-ieran/iesen	hubieran amanecido

PAS. COMP. haya amanecido *etc.*

INFINITIF	*PARTICIPE*	N.B.
PRESENT	**PRESENT**	Utilisé en général à la troisième personne du singulier.
amanecer	amaneciendo	
PASSE	**PASSE**	
haber amanecido	amanecido	

ANDAR
marcher, aller — 15

	PRESENT	IMPARFAIT	FUTUR
1	ando	andaba	andaré
2	andas	andabas	andarás
3	anda	andaba	andará
1	andamos	andábamos	andaremos
2	andáis	andabais	andaréis
3	andan	andaban	andarán

	PASSE SIMPLE	PASSE COMPOSE	PLUS-QUE-PARFAIT
1	anduve	he andado	había andado
2	anduviste	has andado	habías andado
3	anduvo	ha andado	había andado
1	anduvimos	hemos andado	habíamos andado
2	anduvisteis	habéis andado	habíais andado
3	anduvieron	han andado	habían andado

PASSE ANTERIEUR
hube andado *etc.*

FUTUR ANTERIEUR
habré andado *etc.*

CONDITIONNEL

	PRESENT	PASSE	*IMPERATIF*
1	andaría	habría andado	
2	andarías	habrías andado	(tú) anda
3	andaría	habría andado	(Vd) ande
1	andaríamos	habríamos andado	(nosotros) andemos
2	andaríais	habríais andado	(vosotros) andad
3	andarían	habrían andado	(Vds) anden

SUBJONCTIF

	PRESENT	IMPARFAIT	PLUS-QUE-PARFAIT
1	ande	anduv-iera/iese	hubiera andado
2	andes	anduv-ieras/ieses	hubieras andado
3	ande	anduv-iera/iese	hubiera andado
1	andemos	anduv-iéramos/iésemos	hubiéramos andado
2	andéis	anduv-ierais/ieseis	hubierais andado
3	anden	anduv-ieran/iesen	hubieran andado

PAS. COMP. haya andado *etc.*

INFINITIF	*PARTICIPE*
PRESENT	**PRESENT**
andar	andando
PASSE	**PASSE**
haber andado	andado

16 ANOCHECER
commencer à faire nuit

PRESENT	IMPARFAIT	FUTUR
3 anochece	anochecía	anochecerá

PASSE SIMPLE	PASSE COMPOSE	PLUS-QUE-PARFAIT
3 anocheció	ha anochecido	había anochecido

PASSE ANTERIEUR
hubo anochecido

FUTUR ANTERIEUR
habrá anochecido

CONDITIONNEL

PRESENT	PASSE	*IMPERATIF*
3 anochecería	habría anochecido	

SUBJONCTIF

PRESENT	IMPARFAIT	PLUS-QUE-PARFAIT
3 anochezca	anochec-iera/iese	hubiera anochecido

PAS. COMP. haya anochecido

INFINITIF	*PARTICIPE*
PRESENT	PRESENT
anochecer	anocheciendo
PASSE	PASSE
haber anochecido	anochecido

ANUNCIAR 17
annoncer

	PRESENT	IMPARFAIT	FUTUR
1	anuncio	anunciaba	anunciaré
2	anuncias	anunciabas	anunciarás
3	anuncia	anunciaba	anunciará
1	anunciamos	anunciábamos	anunciaremos
2	anunciáis	anunciabais	anunciaréis
3	anuncian	anunciaban	anunciarán

	PASSE SIMPLE	PASSE COMPOSE	PLUS-QUE-PARFAIT
1	anuncié	he anunciado	había anunciado
2	anunciaste	has anunciado	habías anunciado
3	anunció	ha anunciado	había anunciado
1	anunciamos	hemos anunciado	habíamos anunciado
2	anunciasteis	habéis anunciado	habíais anunciado
3	anunciaron	han anunciado	habían anunciado

PASSE ANTERIEUR
hube anunciado *etc.*

FUTUR ANTERIEUR
habré anunciado *etc.*

CONDITIONNEL
	PRESENT	PASSE	*IMPERATIF*
1	anunciaría	habría anunciado	
2	anunciarías	habrías anunciado	(tú) anuncia
3	anunciaría	habría anunciado	(Vd) anuncie
1	anunciaríamos	habríamos anunciado	(nosotros) anunciemos
2	anunciaríais	habríais anunciado	(vosotros) anunciad
3	anunciarían	habrían anunciado	(Vds) anuncien

SUBJONCTIF
	PRESENT	IMPARFAIT	PLUS-QUE-PARFAIT
1	anuncie	anunci-ara/ase	hubiera anunciado
2	anuncies	anunci-aras/ases	hubieras anunciado
3	anuncie	anunci-ara/ase	hubiera anunciado
1	anunciemos	anunci-áramos/ásemos	hubiéramos anunciado
2	anunciéis	anunci-arais/aseis	hubierais anunciado
3	anuncien	anunci-aran/asen	hubieran anunciado

PAS. COMP. haya anunciado *etc.*

INFINITIF	*PARTICIPE*
PRESENT	**PRESENT**
anunciar	anunciando
PASSE	**PASSE**
haber anunciado	anunciado

18 APARECER
apparaître

PRESENT	**IMPARFAIT**	**FUTUR**
1 aparezco	aparecía	apareceré
2 apareces	aparecías	aparecerás
3 aparece	aparecía	aparecerá
1 aparecemos	aparecíamos	apareceremos
2 aparecéis	aparecíais	apareceréis
3 aparecen	aparecían	aparecerán

PASSE SIMPLE	**PASSE COMPOSE**	**PLUS-QUE-PARFAIT**
1 aparecí	he aparecido	había aparecido
2 apareciste	has aparecido	habías aparecido
3 apareció	ha aparecido	había aparecido
1 aparecimos	hemos aparecido	habíamos aparecido
2 aparecisteis	habéis aparecido	habíais aparecido
3 aparecieron	han aparecido	habían aparecido

PASSE ANTERIEUR
hube aparecido *etc.*

FUTUR ANTERIEUR
habré aparecido *etc.*

CONDITIONNEL		*IMPERATIF*
PRESENT	**PASSE**	
1 aparecería	habría aparecido	
2 aparecerías	habrías aparecido	(tú) aparece
3 aparecería	habría aparecido	(Vd) aparezca
1 apareceríamos	habríamos aparecido	(nosotros) aparezcamos
2 apareceríais	habríais aparecido	(vosotros) apareced
3 aparecerían	habrían aparecido	(Vds) aparezcan

SUBJONCTIF		
PRESENT	**IMPARFAIT**	**PLUS-QUE-PARFAIT**
1 aparezca	aparec-iera/iese	hubiera aparecido
2 aparezcas	aparec-ieras/ieses	hubieras aparecido
3 aparezca	aparec-iera/iese	hubiera aparecido
1 aparezcamos	aparec-iéramos/iésemos	hubiéramos aparecido
2 aparezcáis	aparec-ierais/ieseis	hubierais aparecido
3 aparezcan	aparec-ieran/iesen	hubieran aparecido

PAS. COMP. haya aparecido *etc.*

INFINITIF	*PARTICIPE*
PRESENT	**PRESENT**
aparecer	apareciendo
PASSE	**PASSE**
haber aparecido	aparecido

APETECER 19
avoir envie de

PRESENT	IMPARFAIT	FUTUR
1 apetezco	apetecía	apeteceré
2 apeteces	apetecías	apetecerás
3 apetece	apetecía	apetecerá
1 apetecemos	apetecíamos	apeteceremos
2 apetecéis	apetecíais	apeteceréis
3 apetecen	apetecían	apetecerán

PASSE SIMPLE	PASSE COMPOSE	PLUS-QUE-PARFAIT
1 apetecí	he apetecido	había apetecido
2 apeteciste	has apetecido	habías apetecido
3 apeteció	ha apetecido	había apetecido
1 apetecimos	hemos apetecido	habíamos apetecido
2 apetecisteis	habéis apetecido	habíais apetecido
3 apetecieron	han apetecido	habían apetecido

PASSE ANTERIEUR

hube apetecido *etc*.

FUTUR ANTERIEUR

habré apetecido *etc*.

CONDITIONNEL
PRESENT — PASSE

		IMPERATIF
1 apetecería	habría apetecido	
2 apetecerías	habrías apetecido	(tú) apetece
3 apetecería	habría apetecido	(Vd) apetezca
1 apeteceríamos	habríamos apetecido	(nosotros) apetezcamos
2 apeteceríais	habríais apetecido	(vosotros) apeteced
3 apetecerían	habrían apetecido	(Vds) apetezcan

SUBJONCTIF

PRESENT	IMPARFAIT	PLUS-QUE-PARFAIT
1 apetezca	apetec-iera/iese	hubiera apetecido
2 apetezcas	apetec-ieras/ieses	hubieras apetecido
3 apetezca	apetec-iera/iese	hubiera apetecido
1 apetezcamos	apetec-iéramos/iésemos	hubiéramos apetecido
2 apetezcáis	apetec-ierais/ieseis	hubierais apetecido
3 apetezcan	apetec-ieran/iesen	hubieran apetecido

PAS. COMP. haya apetecido *etc*.

INFINITIF	*PARTICIPE*	**N.B.**
PRESENT	**PRESENT**	Utilisé en général à la troisième personne seulement ; j'ai envie de : me apetece.
apetecer	apeteciendo	
PASSE	**PASSE**	
haber apetecido	apetecido	

20 APRETAR
serrer, presser

	PRESENT	**IMPARFAIT**	**FUTUR**
1	aprieto	apretaba	apretaré
2	aprietas	apretabas	apretarás
3	aprieta	apretaba	apretará
1	apretamos	apretábamos	apretaremos
2	apretáis	apretabais	apretaréis
3	aprietan	apretaban	apretarán

	PASSE SIMPLE	**PASSE COMPOSE**	**PLUS-QUE-PARFAIT**
1	apreté	he apretado	había apretado
2	apretaste	has apretado	habías apretado
3	apretó	ha apretado	había apretado
1	apretamos	hemos apretado	habíamos apretado
2	apretasteis	habéis apretado	habíais apretado
3	apretaron	han apretado	habían apretado

PASSE ANTERIEUR

hube apretado *etc.*

FUTUR ANTERIEUR

habré apretado *etc.*

CONDITIONNEL

	PRESENT	**PASSE**	**IMPERATIF**
1	apretaría	habría apretado	
2	apretarías	habrías apretado	(tú) aprieta
3	apretaría	habría apretado	(Vd) apriete
1	apretaríamos	habríamos apretado	(nosotros) apretemos
2	apretaríais	habríais apretado	(vosotros) apretad
3	apretarían	habrían apretado	(Vds) aprieten

SUBJONCTIF

	PRESENT	**IMPARFAIT**	**PLUS-QUE-PARFAIT**
1	apriete	apret-ara/ase	hubiera apretado
2	aprietes	apret-aras/ases	hubieras apretado
3	apriete	apret-ara/ase	hubiera apretado
1	apretemos	apret-áramos/ásemos	hubiéramos apretado
2	apretéis	apret-arais/aseis	hubierais apretado
3	aprieten	apret-aran/asen	hubieran apretado

PAS. COMP. haya apretado *etc.*

INFINITIF	**PARTICIPE**
PRESENT	**PRESENT**
apretar	apretando
PASSE	**PASSE**
haber apretado	apretado

APROBAR 21
approuver, réussir

PRESENT	IMPARFAIT	FUTUR
1 apruebo	aprobaba	aprobaré
2 apruebas	aprobabas	aprobarás
3 aprueba	aprobaba	aprobará
1 aprobamos	aprobábamos	aprobaremos
2 aprobáis	aprobabais	aprobaréis
3 aprueban	aprobaban	aprobarán

PASSE SIMPLE	PASSE COMPOSE	PLUS-QUE-PARFAIT
1 aprobé	he aprobado	había aprobado
2 aprobaste	has aprobado	habías aprobado
3 aprobó	ha aprobado	había aprobado
1 aprobamos	hemos aprobado	habíamos aprobado
2 aprobasteis	habéis aprobado	habíais aprobado
3 aprobaron	han aprobado	habían aprobado

PASSE ANTERIEUR
hube aprobado *etc.*

FUTUR ANTERIEUR
habré aprobado *etc.*

CONDITIONNEL

PRESENT	PASSE	*IMPERATIF*
1 aprobaría	habría aprobado	
2 aprobarías	habrías aprobado	(tú) aprueba
3 aprobaría	habría aprobado	(Vd) apruebe
1 aprobaríamos	habríamos aprobado	(nosotros) aprobemos
2 aprobaríais	habríais aprobado	(vosotros) aprobad
3 aprobarían	habrían aprobado	(Vds) aprueben

SUBJONCTIF

PRESENT	IMPARFAIT	PLUS-QUE-PARFAIT
1 apruebe	aprob-ara/ase	hubiera aprobado
2 apruebes	aprob-aras/ases	hubieras aprobado
3 apruebe	aprob-ara/ase	hubiera aprobado
1 aprobemos	aprob-áramos/ásemos	hubiéramos aprobado
2 aprobéis	aprob-arais/aseis	hubierais aprobado
3 aprueben	aprob-aran/asen	hubieran aprobado

PAS. COMP. haya aprobado *etc.*

INFINITIF	*PARTICIPE*
PRESENT	**PRESENT**
aprobar	aprobando
PASSE	**PASSE**
haber aprobado	aprobado

22 ARGÜIR
reprocher

PRESENT	IMPARFAIT	FUTUR
1 arguyo	argüía	argüiré
2 arguyes	argüías	argüirás
3 arguye	argüía	argüirá
1 argüimos	argüíamos	argüiremos
2 argüís	argüíais	argüiréis
3 arguyen	argüían	argüirán

PASSE SIMPLE	PASSE COMPOSE	PLUS-QUE-PARFAIT
1 argüí	he argüido	había argüido
2 argüiste	has argüido	habías argüido
3 arguyó	ha argüido	había argüido
1 argüimos	hemos argüido	habíamos argüido
2 argüisteis	habéis argüido	habíais argüido
3 arguyeron	han argüido	habían argüido

PASSE ANTERIEUR
hube argüido *etc.*

FUTUR ANTERIEUR
habré argüido *etc.*

CONDITIONNEL

PRESENT	PASSE	IMPERATIF
1 argüiría	habría argüido	
2 argüirías	habrías argüido	(tú) arguye
3 argüiría	habría argüido	(Vd) arguya
1 argüiríamos	habríamos argüido	(nosotros) arguyamos
2 argüiríais	habríais argüido	(vosotros) argüid
3 argüirían	habrían argüido	(Vds) arguyan

SUBJONCTIF

PRESENT	IMPARFAIT	PLUS-QUE-PARFAIT
1 arguya	argu-yera/yese	hubiera argüido
2 arguyas	argu-yeras/yeses	hubieras argüido
3 arguya	argu-yera/yese	hubiera argüido
1 arguyamos	argu-yéramos/yésemos	hubiéramos argüido
2 arguyáis	argu-yerais/yeseis	hubierais argüido
3 arguyan	argu-yeran/yesen	hubieran argüido

PAS. COMP. haya argüido *etc.*

INFINITIF	*PARTICIPE*
PRESENT	PRESENT
argüir	arguyendo
PASSE	PASSE
haber argüido	argüido

ARRANCAR 23
arracher

	PRESENT	**IMPARFAIT**	**FUTUR**
1	arranco	arrancaba	arrancaré
2	arrancas	arrancabas	arrancarás
3	arranca	arrancaba	arrancará
1	arrancamos	arrancábamos	arrancaremos
2	arrancáis	arrancabais	arrancaréis
3	arrancan	arrancaban	arrancarán

	PASSE SIMPLE	**PASSE COMPOSE**	**PLUS-QUE-PARFAIT**
1	arranqué	he arrancado	había arrancado
2	arrancaste	has arrancado	habías arrancado
3	arrancó	ha arrancado	había arrancado
1	arrancamos	hemos arrancado	habíamos arrancado
2	arrancasteis	habéis arrancado	habíais arrancado
3	arrancaron	han arrancado	habían arrancado

PASSE ANTERIEUR

hube arrancado *etc.*

FUTUR ANTERIEUR

habré arrancado *etc.*

CONDITIONNEL

	PRESENT	**PASSE**	*IMPERATIF*
1	arrancaría	habría arrancado	
2	arrancarías	habrías arrancado	(tú) arranca
3	arrancaría	habría arrancado	(Vd) arranque
1	arrancaríamos	habríamos arrancado	(nosotros) arranquemos
2	arrancaríais	habríais arrancado	(vosotros) arrancad
3	arrancarían	habrían arrancado	(Vds) arranquen

SUBJONCTIF

	PRESENT	**IMPARFAIT**	**PLUS-QUE-PARFAIT**
1	arranque	arranc-ara/ase	hubiera arrancado
2	arranques	arranc-aras/ases	hubieras arrancado
3	arranque	arranc-ara/ase	hubiera arrancado
1	arranquemos	arranc-áramos/ásemos	hubiéramos arrancado
2	arranquéis	arranc-arais/aseis	hubierais arrancado
3	arranquen	arranc-aran/asen	hubieran arrancado

PAS. COMP. haya arrancado *etc.*

INFINITIF	*PARTICIPE*
PRESENT	**PRESENT**
arrancar	arrancando
PASSE	**PASSE**
haber arrancado	arrancado

24 ARREGLAR
réparer, arranger

PRESENT	IMPARFAIT	FUTUR
1 arreglo	arreglaba	arreglaré
2 arreglas	arreglabas	arreglarás
3 arregla	arreglaba	arreglará
1 arreglamos	arreglábamos	arreglaremos
2 arregláis	arreglabais	arreglaréis
3 arreglan	arreglaban	arreglarán

PASSE SIMPLE	PASSE COMPOSE	PLUS-QUE-PARFAIT
1 arreglé	he arreglado	había arreglado
2 arreglaste	has arreglado	habías arreglado
3 arregló	ha arreglado	había arreglado
1 arreglamos	hemos arreglado	habíamos arreglado
2 arreglasteis	habéis arreglado	habíais arreglado
3 arreglaron	han arreglado	habían arreglado

PASSE ANTERIEUR
hube arreglado *etc*.

FUTUR ANTERIEUR
habré arreglado *etc*.

CONDITIONNEL

PRESENT	PASSE	IMPERATIF
1 arreglaría	habría arreglado	
2 arreglarías	habrías arreglado	(tú) arregla
3 arreglaría	habría arreglado	(Vd) arregle
1 arreglaríamos	habríamos arreglado	(nosotros) arreglemos
2 arreglaríais	habríais arreglado	(vosotros) arreglad
3 arreglarían	habrían arreglado	(Vds) arreglen

SUBJONCTIF

PRESENT	IMPARFAIT	PLUS-QUE-PARFAIT
1 arregle	arregl-ara/ase	hubiera arreglado
2 arregles	arregl-aras/ases	hubieras arreglado
3 arregle	arregl-ara/ase	hubiera arreglado
1 arreglemos	arregl-áramos/ásemos	hubiéramos arreglado
2 arregléis	arregl-arais/aseis	hubierais arreglado
3 arreglen	arregl-aran/asen	hubieran arreglado

PAS. COMP. haya arreglado *etc*.

INFINITIF	PARTICIPE
PRESENT	**PRESENT**
arreglar	arreglando
PASSE	**PASSE**
haber arreglado	arreglado

ASCENDER
monter 25

PRESENT	IMPARFAIT	FUTUR
1 asciendo	ascendía	ascenderé
2 asciendes	ascendías	ascenderás
3 asciende	ascendía	ascenderá
1 ascendemos	ascendíamos	ascenderemos
2 ascendéis	ascendíais	ascenderéis
3 ascienden	ascendían	ascenderán

PASSE SIMPLE	PASSE COMPOSE	PLUS-QUE-PARFAIT
1 ascendí	he ascendido	había ascendido
2 ascendiste	has ascendido	habías ascendido
3 ascendió	ha ascendido	había ascendido
1 ascendimos	hemos ascendido	habíamos ascendido
2 ascendisteis	habéis ascendido	habíais ascendido
3 ascendieron	han ascendido	habían ascendido

PASSE ANTERIEUR

hube ascendido *etc.*

FUTUR ANTERIEUR

habré ascendido *etc.*

CONDITIONNEL

PRESENT	PASSE	*IMPERATIF*
1 ascendería	habría ascendido	
2 ascenderías	habrías ascendido	(tú) asciende
3 ascendería	habría ascendido	(Vd) ascienda
1 ascenderíamos	habríamos ascendido	(nosotros) ascendamos
2 ascenderíais	habríais ascendido	(vosotros) ascended
3 ascenderían	habrían ascendido	(Vds) asciendan

SUBJONCTIF

PRESENT	IMPARFAIT	PLUS-QUE-PARFAIT
1 ascienda	ascend-iera/iese	hubiera ascendido
2 asciendas	ascend-ieras/ieses	hubieras ascendido
3 ascienda	ascend-iera/iese	hubiera ascendido
1 ascendamos	ascend-iéramos/iésemos	hubiéramos ascendido
2 ascendáis	ascend-ierais/ieseis	hubierais ascendido
3 asciendan	ascend-ieran/iesen	hubieran ascendido

PAS. COMP. haya ascendido *etc.*

INFINITIF	*PARTICIPE*
PRESENT	PRESENT
ascender	ascendiendo
PASSE	PASSE
haber ascendido	ascendido

26 ASIR
prendre, saisir

	PRESENT	IMPARFAIT	FUTUR
1	asgo	asía	asiré
2	ases	asías	asirás
3	ase	asía	asirá
1	asimos	asíamos	asiremos
2	asís	asíais	asiréis
3	asen	asían	asirán

	PASSE SIMPLE	PASSE COMPOSE	PLUS-QUE-PARFAIT
1	así	he asido	había asido
2	asiste	has asido	habías asido
3	asió	ha asido	había asido
1	asimos	hemos asido	habíamos asido
2	asisteis	habéis asido	habíais asido
3	asieron	han asido	habían asido

PASSE ANTERIEUR
hube asido *etc.*

FUTUR ANTERIEUR
habré asido *etc.*

CONDITIONNEL

	PRESENT	PASSE	IMPERATIF
1	asiría	habría asido	
2	asirías	habrías asido	(tú) ase
3	asiría	habría asido	(Vd) asga
1	asiríamos	habríamos asido	(nosotros) asgamos
2	asiríais	habríais asido	(vosotros) asid
3	asirían	habrían asido	(Vds) asgan

SUBJONCTIF

	PRESENT	IMPARFAIT	PLUS-QUE-PARFAIT
1	asga	as-iera/iese	hubiera asido
2	asgas	as-ieras/ieses	hubieras asido
3	asga	as-iera/iese	hubiera asido
1	asgamos	as-iéramos/iésemos	hubiéramos asido
2	asgáis	as-ierais/ieseis	hubierais asido
3	asgan	as-ieran/iesen	hubieran asido

PAS. COMP. haya asido *etc.*

INFINITIF	*PARTICIPE*
PRESENT	**PRESENT**
asir	asiendo
PASSE	**PASSE**
haber asido	asido

ATERRIZAR 27
atterrir

PRESENT	**IMPARFAIT**	**FUTUR**
1 aterrizo	aterrizaba	aterrizaré
2 aterrizas	aterrizabas	aterrizarás
3 aterriza	aterrizaba	aterrizará
1 aterrizamos	aterrizábamos	aterrizaremos
2 aterrizáis	aterrizabais	aterrizaréis
3 aterrizan	aterrizaban	aterrizarán

PASSE SIMPLE	**PASSE COMPOSE**	**PLUS-QUE-PARFAIT**
1 aterricé	he aterrizado	había aterrizado
2 aterrizaste	has aterrizado	habías aterrizado
3 aterrizó	ha aterrizado	había aterrizado
1 aterrizamos	hemos aterrizado	habíamos aterrizado
2 aterrizasteis	habéis aterrizado	habíais aterrizado
3 aterrizaron	han aterrizado	habían aterrizado

PASSE ANTERIEUR

hube aterrizado *etc.*

FUTUR ANTERIEUR

habré aterrizado *etc.*

CONDITIONNEL

PRESENT	**PASSE**	*IMPERATIF*
1 aterrizaría	habría aterrizado	
2 aterrizarías	habrías aterrizado	(tú) aterriza
3 aterrizaría	habría aterrizado	(Vd) aterrice
1 aterrizaríamos	habríamos aterrizado	(nosotros) aterricemos
2 aterrizaríais	habríais aterrizado	(vosotros) aterrizad
3 aterrizarían	habrían aterrizado	(Vds) aterricen

SUBJONCTIF

PRESENT	**IMPARFAIT**	**PLUS-QUE-PARFAIT**
1 aterrice	aterriz-ara/ase	hubiera aterrizado
2 aterrices	aterriz-aras/ases	hubieras aterrizado
3 aterrice	aterriz-ara/ase	hubiera aterrizado
1 aterricemos	aterriz-áramos/ásemos	hubiéramos aterrizado
2 aterricéis	aterriz-arais/aseis	hubierais aterrizado
3 aterricen	aterriz-aran/asen	hubieran aterrizado

PAS. COMP. haya aterrizado *etc.*

INFINITIF	*PARTICIPE*
PRESENT	**PRESENT**
aterrizar	aterrizando
PASSE	**PASSE**
haber aterrizado	aterrizado

28 ATRAVESAR
traverser

PRESENT	IMPARFAIT	FUTUR
1 atravieso	atravesaba	atravesaré
2 atraviesas	atravesabas	atravesarás
3 atraviesa	atravesaba	atravesará
1 atravesamos	atravesábamos	atravesaremos
2 atravesáis	atravesabais	atravesaréis
3 atraviesan	atravesaban	atravesarán

PASSE SIMPLE	PASSE COMPOSE	PLUS-QUE-PARFAIT
1 atravesé	he atravesado	había atravesado
2 atravesaste	has atravesado	habías atravesado
3 atravesó	ha atravesado	había atravesado
1 atravesamos	hemos atravesado	habíamos atravesado
2 atravesasteis	habéis atravesado	habíais atravesado
3 atravesaron	han atravesado	habían atravesado

PASSE ANTERIEUR
hube atravesado *etc.*

FUTUR ANTERIEUR
habré atravesado *etc.*

CONDITIONNEL

PRESENT	PASSE	IMPERATIF
1 atravesaría	habría atravesado	
2 atravesarías	habrías atravesado	(tú) atraviesa
3 atravesaría	habría atravesado	(Vd) atraviese
1 atravesaríamos	habríamos atravesado	(nosotros) atravesemos
2 atravesaríais	habríais atravesado	(vosotros) atravesad
3 atravesarían	habrían atravesado	(Vds) atraviesen

SUBJONCTIF

PRESENT	IMPARFAIT	PLUS-QUE-PARFAIT
1 atraviese	atraves-ara/ase	hubiera atravesado
2 atravieses	atraves-aras/ases	hubieras atravesado
3 atraviese	atraves-ara/ase	hubiera atravesado
1 atravesemos	atraves-áramos/ásemos	hubiéramos atravesado
2 atraveséis	atraves-arais/aseis	hubierais atravesado
3 atraviesen	atraves-aran/asen	hubieran atravesado

PAS. COMP. haya atravesado *etc.*

INFINITIF	PARTICIPE
PRESENT	**PRESENT**
atravesar	atravesando
PASSE	**PASSE**
haber atravesado	atravesado

AVERGONZARSE 29
avoir honte

PRESENT
1 me avergüenzo
2 te avergüenzas
3 se avergüenza
1 nos avergonzamos
2 os avergonzáis
3 se avergüenzan

IMPARFAIT
me avergonzaba
te avergonzabas
se avergonzaba
nos avergonzábamos
os avergonzabais
se avergonzaban

FUTUR
me avergonzaré
te avergonzarás
se avergonzará
nos avergonzaremos
os avergonzaréis
se avergonzarán

PASSE SIMPLE
1 me avergoncé
2 te avergonzaste
3 se avergonzó
1 nos avergonzamos
2 os avergonzasteis
3 se avergonzaron

PASSE COMPOSE
me he avergonzado
te has avergonzado
se ha avergonzado
nos hemos avergonzado
os habéis avergonzado
se han avergonzado

PLUS-QUE-PARFAIT
me había avergonzado
te habías avergonzado
se había avergonzado
nos habíamos avergonzado
os habíais avergonzado
se habían avergonzado

PASSE ANTERIEUR
me hube avergonzado *etc.*

FUTUR ANTERIEUR
me habré avergonzado *etc.*

CONDITIONNEL
PRESENT
1 me avergonzaría
2 te avergonzarías
3 se avergonzaría
1 nos avergonzaríamos
2 os avergonzaríais
3 se avergonzarían

PASSE
me habría avergonzado
te habrías avergonzado
se habría avergonzado
nos habríamos avergonzado
os habríais avergonzado
se habrían avergonzado

IMPERATIF

(tú) avergüénzate
(Vd) avergüéncese
(nosotros) avergoncémonos
(vosotros) avergonzaos
(Vds) avergüéncense

SUBJONCTIF
PRESENT
1 me avergüence
2 te avergüences
3 se avergüence
1 nos avergoncemos
2 os avergoncéis
3 se avergüencen

IMPARFAIT
me avergonz-ara/ase
te avergonz-aras/ases
se avergonz-ara/ase
nos avergonz-áramos/ásemos
os avergonz-arais/aseis
se avergonz-aran/asen

PLUS-QUE-PARFAIT
me hubiera avergonzado
te hubieras avergonzado
se hubiera avergonzado
nos hubiéramos avergonzado
os hubierais avergonzado
se hubieran avergonzado

PAS. COMP. me haya avergonzado *etc.*

INFINITIF
PRESENT
avergonzarse

PASSE
haberse avergonzado

PARTICIPE
PRESENT
avergonzándose

PASSE
avergonzado

30 AVERIGUAR
découvrir

PRESENT	**IMPARFAIT**	**FUTUR**
1 averiguo	averiguaba	averiguaré
2 averiguas	averiguabas	averiguarás
3 averigua	averiguaba	averiguará
1 averiguamos	averiguábamos	averiguaremos
2 averiguáis	averiguabais	averiguaréis
3 averiguan	averiguaban	averiguarán

PASSE SIMPLE	**PASSE COMPOSE**	**PLUS-QUE-PARFAIT**
1 averigüé	he averiguado	había averiguado
2 averiguaste	has averiguado	habías averiguado
3 averiguó	ha averiguado	había averiguado
1 averiguamos	hemos averiguado	habíamos averiguado
2 averiguasteis	habéis averiguado	habíais averiguado
3 averiguaron	han averiguado	habían averiguado

PASSE ANTERIEUR
hube averiguado *etc.*

FUTUR ANTERIEUR
habré averiguado *etc.*

CONDITIONNEL
PRESENT	**PASSE**	*IMPERATIF*
1 averiguaría	habría averiguado	
2 averiguarías	habrías averiguado	(tú) averigua
3 averiguaría	habría averiguado	(Vd) averigüe
1 averiguaríamos	habríamos averiguado	(nosotros) averigüemos
2 averiguaríais	habríais averiguado	(vosotros) averiguad
3 averiguarían	habrían averiguado	(Vds) averigüen

SUBJONCTIF
PRESENT	**IMPARFAIT**	**PLUS-QUE-PARFAIT**
1 averigüe	averigu-ara/ase	hubiera averiguado
2 averigües	averigu-aras/ases	hubieras averiguado
3 averigüe	averigu-ara/ase	hubiera averiguado
1 averigüemos	averigu-áramos/ásemos	hubiéramos averiguado
2 averigüéis	averigu-arais/aseis	hubierais averiguado
3 averigüen	averigu-aran/asen	hubieran averiguado

PAS. COMP. haya averiguado *etc.*

INFINITIF	*PARTICIPE*
PRESENT	**PRESENT**
averiguar	averiguando
PASSE	**PASSE**
haber averiguado	averiguado

BAJAR 31
baisser, descendre

	PRESENT	**IMPARFAIT**	**FUTUR**
1	bajo	bajaba	bajaré
2	bajas	bajabas	bajarás
3	baja	bajaba	bajará
1	bajamos	bajábamos	bajaremos
2	bajáis	bajabais	bajaréis
3	bajan	bajaban	bajarán

	PASSE SIMPLE	**PASSE COMPOSE**	**PLUS-QUE-PARFAIT**
1	bajé	he bajado	había bajado
2	bajaste	has bajado	habías bajado
3	bajó	ha bajado	había bajado
1	bajamos	hemos bajado	habíamos bajado
2	bajasteis	habéis bajado	habíais bajado
3	bajaron	han bajado	habían bajado

PASSE ANTERIEUR
hube bajado *etc.*

FUTUR ANTERIEUR
habré bajado *etc.*

CONDITIONNEL

	PRESENT	**PASSE**	*IMPERATIF*
1	bajaría	habría bajado	
2	bajarías	habrías bajado	(tú) baja
3	bajaría	habría bajado	(Vd) baje
1	bajaríamos	habríamos bajado	(nosotros) bajemos
2	bajaríais	habríais bajado	(vosotros) bajad
3	bajarían	habrían bajado	(Vds) bajen

SUBJONCTIF

	PRESENT	**IMPARFAIT**	**PLUS-QUE-PARFAIT**
1	baje	baj-ara/ase	hubiera bajado
2	bajes	baj-aras/ases	hubieras bajado
3	baje	baj-ara/ase	hubiera bajado
1	bajemos	baj-áramos/ásemos	hubiéramos bajado
2	bajéis	baj-arais/aseis	hubierais bajado
3	bajen	baj-aran/asen	hubieran bajado

PAS. COMP. haya bajado *etc.*

INFINITIF	*PARTICIPE*
PRESENT	**PRESENT**
bajar	bajando
PASSE	**PASSE**
haber bajado	bajado

32 BAÑARSE
prendre un bain, se baigner

	PRESENT	IMPARFAIT	FUTUR
1	me baño	me bañaba	me bañaré
2	te bañas	te bañabas	te bañarás
3	se baña	se bañaba	se bañará
1	nos bañamos	nos bañábamos	nos bañaremos
2	os bañáis	os bañabais	os bañaréis
3	se bañan	se bañaban	se bañarán

	PASSE SIMPLE	PASSE COMPOSE	PLUS-QUE-PARFAIT
1	me bañé	me he bañado	me había bañado
2	te bañaste	te has bañado	te habías bañado
3	se bañó	se ha bañado	se había bañado
1	nos bañamos	nos hemos bañado	nos habíamos bañado
2	os bañasteis	os habéis bañado	os habíais bañado
3	se bañaron	se han bañado	se habían bañado

PASSE ANTERIEUR
me hube bañado *etc.*

FUTUR ANTERIEUR
me habré bañado *etc.*

CONDITIONNEL

	PRESENT	PASSE	IMPERATIF
1	me bañaría	me habría bañado	
2	te bañarías	te habrías bañado	(tú) báñate
3	se bañaría	se habría bañado	(Vd) báñese
1	nos bañaríamos	nos habríamos bañado	(nosotros) bañémonos
2	os bañaríais	os habríais bañado	(vosotros) bañaos
3	se bañarían	se habrían bañado	(Vds) báñense

SUBJONCTIF

	PRESENT	IMPARFAIT	PLUS-QUE-PARFAIT
1	me bañe	me bañ-ara/ase	me hubiera bañado
2	te bañes	te bañ-aras/ases	te hubieras bañado
3	se bañe	se bañ-ara/ase	se hubiera bañado
1	nos bañemos	nos bañ-áramos/ásemos	nos hubiéramos bañado
2	os bañéis	os bañ-arais/aseis	os hubierais bañado
3	se bañen	se bañ-aran/asen	se hubieran bañado

PAS. COMP. me haya bañado *etc.*

INFINITIF	*PARTICIPE*
PRESENT	**PRESENT**
bañarse	bañándose
PASSE	**PASSE**
haberse bañado	bañado

BEBER 33
boire

PRESENT	IMPARFAIT	FUTUR
1 bebo	bebía	beberé
2 bebes	bebías	beberás
3 bebe	bebía	beberá
1 bebemos	bebíamos	beberemos
2 bebéis	bebíais	beberéis
3 beben	bebían	beberán

PASSE SIMPLE	PASSE COMPOSE	PLUS-QUE-PARFAIT
1 bebí	he bebido	había bebido
2 bebiste	has bebido	habías bebido
3 bebió	ha bebido	había bebido
1 bebimos	hemos bebido	habíamos bebido
2 bebisteis	habéis bebido	habíais bebido
3 bebieron	han bebido	habían bebido

PASSE ANTERIEUR
hube bebido *etc.*

FUTUR ANTERIEUR
habré bebido *etc.*

CONDITIONNEL

PRESENT	PASSE	*IMPERATIF*
1 bebería	habría bebido	
2 beberías	habrías bebido	(tú) bebe
3 bebería	habría bebido	(Vd) beba
1 beberíamos	habríamos bebido	(nosotros) bebamos
2 beberíais	habríais bebido	(vosotros) bebed
3 beberían	habrían bebido	(Vds) beban

SUBJONCTIF

PRESENT	IMPARFAIT	PLUS-QUE-PARFAIT
1 beba	beb-iera/iese	hubiera bebido
2 bebas	beb-ieras/ieses	hubieras bebido
3 beba	beb-iera/iese	hubiera bebido
1 bebamos	beb-iéramos/iésemos	hubiéramos bebido
2 bebáis	beb-ierais/ieseis	hubierais bebido
3 beban	beb-ieran/iesen	hubieran bebido

PAS. COMP. haya bebido *etc.*

INFINITIF	*PARTICIPE*
PRESENT	**PRESENT**
beber	bebiendo
PASSE	**PASSE**
haber bebido	bebido

34 BENDECIR
bénir

PRESENT	**IMPARFAIT**	**FUTUR**
1 bendigo	bendecía	bendeciré
2 bendices	bendecías	bendecirás
3 bendice	bendecía	bendecirá
1 bendecimos	bendecíamos	bendeciremos
2 bendecís	bendecíais	bendeciréis
3 bendicen	bendecían	bendecirán

PASSE SIMPLE	**PASSE COMPOSE**	**PLUS-QUE-PARFAIT**
1 bendije	he bendecido	había bendecido
2 bendijiste	has bendecido	habías bendecido
3 bendijo	ha bendecido	había bendecido
1 bendijimos	hemos bendecido	habíamos bendecido
2 bendijisteis	habéis bendecido	habíais bendecido
3 bendijeron	han bendecido	habían bendecido

PASSE ANTERIEUR
hube bendecido *etc*.

FUTUR ANTERIEUR
habré bendecido *etc*.

CONDITIONNEL

PRESENT	**PASSE**	*IMPERATIF*
1 bendeciría	habría bendecido	
2 bendecirías	habrías bendecido	(tú) bendice
3 bendeciría	habría bendecido	(Vd) bendiga
1 bendeciríamos	habríamos bendecido	(nosotros) bendigamos
2 bendeciríais	habríais bendecido	(vosotros) bendecid
3 bendecirían	habrían bendecido	(Vds) bendigan

SUBJONCTIF

PRESENT	**IMPARFAIT**	**PLUS-QUE-PARFAIT**
1 bendiga	bendij-era/ese	hubiera bendecido
2 bendigas	bendij-eras/eses	hubieras bendecido
3 bendiga	bendij-era/ese	hubiera bendecido
1 bendigamos	bendij-éramos/ésemos	hubiéramos bendecido
2 bendigáis	bendij-erais/eseis	hubierais bendecido
3 bendigan	bendij-eran/esen	hubieran bendecido

PAS. COMP. haya bendecido *etc*.

INFINITIF	*PARTICIPE*
PRESENT	**PRESENT**
bendecir	bendiciendo
PASSE	**PASSE**
haber bendecido	bendecido

BUSCAR
chercher 35

PRESENT	**IMPARFAIT**	**FUTUR**
1 busco	buscaba	buscaré
2 buscas	buscabas	buscarás
3 busca	buscaba	buscará
1 buscamos	buscábamos	buscaremos
2 buscáis	buscabais	buscaréis
3 buscan	buscaban	buscarán

PASSE SIMPLE	**PASSE COMPOSE**	**PLUS-QUE-PARFAIT**
1 busqué	he buscado	había buscado
2 buscaste	has buscado	habías buscado
3 buscó	ha buscado	había buscado
1 buscamos	hemos buscado	habíamos buscado
2 buscasteis	habéis buscado	habíais buscado
3 buscaron	han buscado	habían buscado

PASSE ANTERIEUR

hube buscado *etc.*

FUTUR ANTERIEUR

habré buscado *etc.*

CONDITIONNEL
PRESENT	**PASSE**	*IMPERATIF*
1 buscaría	habría buscado	
2 buscarías	habrías buscado	(tú) busca
3 buscaría	habría buscado	(Vd) busque
1 buscaríamos	habríamos buscado	(nosotros) busquemos
2 buscaríais	habríais buscado	(vosotros) buscad
3 buscarían	habrían buscado	(Vds) busquen

SUBJONCTIF
PRESENT	**IMPARFAIT**	**PLUS-QUE-PARFAIT**
1 busque	busc-ara/ase	hubiera buscado
2 busques	busc-aras/ases	hubieras buscado
3 busque	busc-ara/ase	hubiera buscado
1 busquemos	busc-áramos/ásemos	hubiéramos buscado
2 busquéis	busc-arais/aseis	hubierais buscado
3 busquen	busc-aran/asen	hubieran buscado

PAS. COMP. haya buscado *etc.*

INFINITIF	*PARTICIPE*
PRESENT	**PRESENT**
buscar	buscando
PASSE	**PASSE**
haber buscado	buscado

36 CABER
tenir (dans)

	PRESENT	**IMPARFAIT**	**FUTUR**
1	quepo	cabía	cabré
2	cabes	cabías	cabrás
3	cabe	cabía	cabrá
1	cabemos	cabíamos	cabremos
2	cabéis	cabíais	cabréis
3	caben	cabían	cabrán

	PASSE SIMPLE	**PASSE COMPOSE**	**PLUS-QUE-PARFAIT**
1	cupe	he cabido	había cabido
2	cupiste	has cabido	habías cabido
3	cupo	ha cabido	había cabido
1	cupimos	hemos cabido	habíamos cabido
2	cupisteis	habéis cabido	habíais cabido
3	cupieron	han cabido	habían cabido

PASSE ANTERIEUR
hube cabido *etc.*

FUTUR ANTERIEUR
habré cabido *etc.*

CONDITIONNEL

	PRESENT	**PASSE**	*IMPERATIF*
1	cabría	habría cabido	
2	cabrías	habrías cabido	(tú) cabe
3	cabría	habría cabido	(Vd) quepa
1	cabríamos	habríamos cabido	(nosotros) quepamos
2	cabríais	habríais cabido	(vosotros) cabed
3	cabrían	habrían cabido	(Vds) quepan

SUBJONCTIF

	PRESENT	**IMPARFAIT**	**PLUS-QUE-PARFAIT**
1	quepa	cup-iera/iese	hubiera cabido
2	quepas	cup-ieras/ieses	hubieras cabido
3	quepa	cup-iera/iese	hubiera cabido
1	quepamos	cup-iéramos/iésemos	hubiéramos cabido
2	quepáis	cup-ierais/ieseis	hubierais cabido
3	quepan	cup-ieran/iesen	hubieran cabido

PAS. COMP. haya cabido *etc.*

INFINITIF	*PARTICIPE*
PRESENT	**PRESENT**
caber	cabiendo
PASSE	**PASSE**
haber cabido	cabido

CAER 37
tomber

PRESENT	IMPARFAIT	FUTUR
1 caigo	caía	caeré
2 caes	caías	caerás
3 cae	caía	caerá
1 caemos	caíamos	caeremos
2 caéis	caíais	caeréis
3 caen	caían	caerán

PASSE SIMPLE	PASSE COMPOSE	PLUS-QUE-PARFAIT
1 caí	he caído	había caído
2 caíste	has caído	habías caído
3 cayó	ha caído	había caído
1 caímos	hemos caído	habíamos caído
2 caísteis	habéis caído	habíais caído
3 cayeron	han caído	habían caído

PASSE ANTERIEUR
hube caído *etc.*

FUTUR ANTERIEUR
habré caído *etc.*

CONDITIONNEL

PRESENT	PASSE	*IMPERATIF*
1 caería	habría caído	
2 caerías	habrías caído	(tú) cae
3 caería	habría caído	(Vd) caiga
1 caeríamos	habríamos caído	(nosotros) caigamos
2 caeríais	habríais caído	(vosotros) caed
3 caerían	habrían caído	(Vds) caigan

SUBJONCTIF

PRESENT	IMPARFAIT	PLUS-QUE-PARFAIT
1 caiga	ca-yera/yese	hubiera caído
2 caigas	ca-yeras/yeses	hubieras caído
3 caiga	ca-yera/yese	hubiera caído
1 caigamos	ca-yéramos/yésemos	hubiéramos caído
2 caigáis	ca-yerais/yeseis	hubierais caído
3 caigan	ca-yeran/yesen	hubieran caído

PAS. COMP. haya caído *etc.*

INFINITIF	*PARTICIPE*
PRESENT	**PRESENT**
caer	cayendo
PASSE	**PASSE**
haber caído	caído

38 CARGAR
charger

PRESENT	**IMPARFAIT**	**FUTUR**
1 cargo	cargaba	cargaré
2 cargas	cargabas	cargarás
3 carga	cargaba	cargará
1 cargamos	cargábamos	cargaremos
2 cargáis	cargabais	cargaréis
3 cargan	cargaban	cargarán

PASSE SIMPLE	**PASSE COMPOSE**	**PLUS-QUE-PARFAIT**
1 cargué	he cargado	había cargado
2 cargaste	has cargado	habías cargado
3 cargó	ha cargado	había cargado
1 cargamos	hemos cargado	habíamos cargado
2 cargasteis	habéis cargado	habíais cargado
3 cargaron	han cargado	habían cargado

PASSE ANTERIEUR
hube cargado *etc.*

FUTUR ANTERIEUR
habré cargado *etc.*

CONDITIONNEL

PRESENT	**PASSE**	*IMPERATIF*
1 cargaría	habría cargado	
2 cargarías	habrías cargado	(tú) carga
3 cargaría	habría cargado	(Vd) cargue
1 cargaríamos	habríamos cargado	(nosotros) carguemos
2 cargaríais	habríais cargado	(vosotros) cargad
3 cargarían	habrían cargado	(Vds) carguen

SUBJONCTIF

PRESENT	**IMPARFAIT**	**PLUS-QUE-PARFAIT**
1 cargue	carg-ara/ase	hubiera cargado
2 cargues	carg-aras/ases	hubieras cargado
3 cargue	carg-ara/ase	hubiera cargado
1 carguemos	carg-áramos/ásemos	hubiéramos cargado
2 carguéis	carg-arais/aseis	hubierais cargado
3 carguen	carg-aran/asen	hubieran cargado

PAS. COMP. haya cargado *etc.*

INFINITIF	*PARTICIPE*
PRESENT	**PRESENT**
cargar	cargando
PASSE	**PASSE**
haber cargado	cargado

CAZAR 39
chasser

PRESENT	IMPARFAIT	FUTUR
1 cazo	cazaba	cazaré
2 cazas	cazabas	cazarás
3 caza	cazaba	cazará
1 cazamos	cazábamos	cazaremos
2 cazáis	cazabais	cazaréis
3 cazan	cazaban	cazarán

PASSE SIMPLE	PASSE COMPOSE	PLUS-QUE-PARFAIT
1 cacé	he cazado	había cazado
2 cazaste	has cazado	habías cazado
3 cazó	ha cazado	había cazado
1 cazamos	hemos cazado	habíamos cazado
2 cazasteis	habéis cazado	habíais cazado
3 cazaron	han cazado	habían cazado

PASSE ANTERIEUR
hube cazado *etc.*

FUTUR ANTERIEUR
habré cazado *etc.*

CONDITIONNEL

PRESENT	PASSE	IMPERATIF
1 cazaría	habría cazado	
2 cazarías	habrías cazado	(tú) caza
3 cazaría	habría cazado	(Vd) cace
1 cazaríamos	habríamos cazado	(nosotros) cacemos
2 cazaríais	habríais cazado	(vosotros) cazad
3 cazarían	habrían cazado	(Vds) cacen

SUBJONCTIF

PRESENT	IMPARFAIT	PLUS-QUE-PARFAIT
1 cace	caz-ara/ase	hubiera cazado
2 caces	caz-aras/ases	hubieras cazado
3 cace	caz-ara/ase	hubiera cazado
1 cacemos	caz-áramos/ásemos	hubiéramos cazado
2 cacéis	caz-arais/aseis	hubierais cazado
3 cacen	caz-aran/asen	hubieran cazado

PAS. COMP. haya cazado *etc.*

INFINITIF	*PARTICIPE*
PRESENT	**PRESENT**
cazar	cazando
PASSE	**PASSE**
haber cazado	cazado

40 CERRAR
fermer

	PRESENT	IMPARFAIT	FUTUR
1	cierro	cerraba	cerraré
2	cierras	cerrabas	cerrarás
3	cierra	cerraba	cerrará
1	cerramos	cerrábamos	cerraremos
2	cerráis	cerrabais	cerraréis
3	cierran	cerraban	cerrarán

	PASSE SIMPLE	PASSE COMPOSE	PLUS-QUE-PARFAIT
1	cerré	he cerrado	había cerrado
2	cerraste	has cerrado	habías cerrado
3	cerró	ha cerrado	había cerrado
1	cerramos	hemos cerrado	habíamos cerrado
2	cerrasteis	habéis cerrado	habíais cerrado
3	cerraron	han cerrado	habían cerrado

PASSE ANTERIEUR

hube cerrado *etc.*

FUTUR ANTERIEUR

habré cerrado *etc.*

CONDITIONNEL

	PRESENT	PASSE	*IMPERATIF*
1	cerraría	habría cerrado	
2	cerrarías	habrías cerrado	(tú) cierra
3	cerraría	habría cerrado	(Vd) cierre
1	cerraríamos	habríamos cerrado	(nosotros) cerremos
2	cerraríais	habríais cerrado	(vosotros) cerrad
3	cerrarían	habrían cerrado	(Vds) cierren

SUBJONCTIF

	PRESENT	IMPARFAIT	PLUS-QUE-PARFAIT
1	cierre	cerr-ara/ase	hubiera cerrado
2	cierres	cerr-aras/ases	hubieras cerrado
3	cierre	cerr-ara/ase	hubiera cerrado
1	cerremos	cerr-áramos/ásemos	hubiéramos cerrado
2	cerréis	cerr-arais/aseis	hubierais cerrado
3	cierren	cerr-aran/asen	hubieran cerrado

PAS. COMP. haya cerrado *etc.*

INFINITIF	*PARTICIPE*
PRESENT	**PRESENT**
cerrar	cerrando
PASSE	**PASSE**
haber cerrado	cerrado

COCER 41
cuire, (faire) bouillir

	PRESENT	**IMPARFAIT**	**FUTUR**
1	cuezo	cocía	coceré
2	cueces	cocías	cocerás
3	cuece	cocía	cocerá
1	cocemos	cocíamos	coceremos
2	cocéis	cocíais	coceréis
3	cuecen	cocían	cocerán

	PASSE SIMPLE	**PASSE COMPOSE**	**PLUS-QUE-PARFAIT**
1	cocí	he cocido	había cocido
2	cociste	has cocido	habías cocido
3	coció	ha cocido	había cocido
1	cocimos	hemos cocido	habíamos cocido
2	cocisteis	habéis cocido	habíais cocido
3	cocieron	han cocido	habían cocido

PASSE ANTERIEUR

hube cocido *etc.*

FUTUR ANTERIEUR

habré cocido *etc.*

CONDITIONNEL

	PRESENT	**PASSE**	*IMPERATIF*
1	cocería	habría cocido	
2	cocerías	habrías cocido	(tú) cuece
3	cocería	habría cocido	(Vd) cueza
1	coceríamos	habríamos cocido	(nosotros) cozamos
2	coceríais	habríais cocido	(vosotros) coced
3	cocerían	habrían cocido	(Vds) cuezan

SUBJONCTIF

	PRESENT	**IMPARFAIT**	**PLUS-QUE-PARFAIT**
1	cueza	coc-iera/iese	hubiera cocido
2	cuezas	coc-ieras/ieses	hubieras cocido
3	cueza	coc-iera/iese	hubiera cocido
1	cozamos	coc-iéramos/iésemos	hubiéramos cocido
2	cozáis	coc-ierais/ieseis	hubierais cocido
3	cuezan	coc-ieran/iesen	hubieran cocido

PAS. COMP. haya cocido *etc.*

INFINITIF	*PARTICIPE*
PRESENT	**PRESENT**
cocer	cociendo
PASSE	**PASSE**
haber cocido	cocido

42 COGER
attraper, prendre, cueillir

	PRESENT	**IMPARFAIT**	**FUTUR**
1	cojo	cogía	cogeré
2	coges	cogías	cogerás
3	coge	cogía	cogerá
1	cogemos	cogíamos	cogeremos
2	cogéis	cogíais	cogeréis
3	cogen	cogían	cogerán

	PASSE SIMPLE	**PASSE COMPOSE**	**PLUS-QUE-PARFAIT**
1	cogí	he cogido	había cogido
2	cogiste	has cogido	habías cogido
3	cogió	ha cogido	había cogido
1	cogimos	hemos cogido	habíamos cogido
2	cogisteis	habéis cogido	habíais cogido
3	cogieron	han cogido	habían cogido

PASSE ANTERIEUR
hube cogido *etc.*

FUTUR ANTERIEUR
habré cogido *etc.*

CONDITIONNEL

	PRESENT	**PASSE**	*IMPERATIF*
1	cogería	habría cogido	
2	cogerías	habrías cogido	(tú) coge
3	cogería	habría cogido	(Vd) coja
1	cogeríamos	habríamos cogido	(nosotros) cojamos
2	cogeríais	habríais cogido	(vosotros) coged
3	cogerían	habrían cogido	(Vds) cojan

SUBJONCTIF

	PRESENT	**IMPARFAIT**	**PLUS-QUE-PARFAIT**
1	coja	cog-iera/iese	hubiera cogido
2	cojas	cog-ieras/ieses	hubieras cogido
3	coja	cog-iera/iese	hubiera cogido
1	cojamos	cog-iéramos/iésemos	hubiéramos cogido
2	cojáis	cog-ierais/ieseis	hubierais cogido
3	cojan	cog-ieran/iesen	hubieran cogido

PAS. COMP. haya cogido *etc.*

INFINITIF	*PARTICIPE*
PRESENT	**PRESENT**
coger	cogiendo
PASSE	**PASSE**
haber cogido	cogido

COLGAR 43
pendre

PRESENT	**IMPARFAIT**	**FUTUR**
1 cuelgo	colgaba	colgaré
2 cuelgas	colgabas	colgarás
3 cuelga	colgaba	colgará
1 colgamos	colgábamos	colgaremos
2 colgáis	colgabais	colgaréis
3 cuelgan	colgaban	colgarán

PASSE SIMPLE	**PASSE COMPOSE**	**PLUS-QUE-PARFAIT**
1 colgué	he colgado	había colgado
2 colgaste	has colgado	habías colgado
3 colgó	ha colgado	había colgado
1 colgamos	hemos colgado	habíamos colgado
2 colgasteis	habéis colgado	habíais colgado
3 colgaron	han colgado	habían colgado

PASSE ANTERIEUR

hube colgado *etc.*

FUTUR ANTERIEUR

habré colgado *etc.*

CONDITIONNEL
PRESENT	**PASSE**	*IMPERATIF*
1 colgaría	habría colgado	
2 colgarías	habrías colgado	(tú) cuelga
3 colgaría	habría colgado	(Vd) cuelgue
1 colgaríamos	habríamos colgado	(nosotros) colguemos
2 colgaríais	habríais colgado	(vosotros) colgad
3 colgarían	habrían colgado	(Vds) cuelguen

SUBJONCTIF
PRESENT	**IMPARFAIT**	**PLUS-QUE-PARFAIT**
1 cuelgue	colg-ara/ase	hubiera colgado
2 cuelgues	colg-aras/ases	hubieras colgado
3 cuelgue	colg-ara/ase	hubiera colgado
1 colguemos	colg-áramos/ásemos	hubiéramos colgado
2 colguéis	colg-arais/aseis	hubierais colgado
3 cuelguen	colg-aran/asen	hubieran colgado

PAS. COMP. haya colgado *etc.*

INFINITIF	*PARTICIPE*
PRESENT	**PRESENT**
colgar	colgando
PASSE	**PASSE**
haber colgado	colgado

44 COMENZAR
commencer

PRESENT	**IMPARFAIT**	**FUTUR**
1 comienzo	comenzaba	comenzaré
2 comienzas	comenzabas	comenzarás
3 comienza	comenzaba	comenzará
1 comenzamos	comenzábamos	comenzaremos
2 comenzáis	comenzabais	comenzaréis
3 comienzan	comenzaban	comenzarán

PASSE SIMPLE	**PASSE COMPOSE**	**PLUS-QUE-PARFAIT**
1 comencé	he comenzado	había comenzado
2 comenzaste	has comenzado	habías comenzado
3 comenzó	ha comenzado	había comenzado
1 comenzamos	hemos comenzado	habíamos comenzado
2 comenzasteis	habéis comenzado	habíais comenzado
3 comenzaron	han comenzado	habían comenzado

PASSE ANTERIEUR

hube comenzado *etc.*

FUTUR ANTERIEUR

habré comenzado *etc.*

CONDITIONNEL

PRESENT	**PASSE**	*IMPERATIF*
1 comenzaría	habría comenzado	
2 comenzarías	habrías comenzado	(tú) comienza
3 comenzaría	habría comenzado	(Vd) comience
1 comenzaríamos	habríamos comenzado	(nosotros) comencemos
2 comenzaríais	habríais comenzado	(vosotros) comenzad
3 comenzarían	habrían comenzado	(Vds) comiencen

SUBJONCTIF

PRESENT	**IMPARFAIT**	**PLUS-QUE-PARFAIT**
1 comience	comenz-ara/ase	hubiera comenzado
2 comiences	comenz-aras/ases	hubieras comenzado
3 comience	comenz-ara/ase	hubiera comenzado
1 comencemos	comenz-áramos/ásemos	hubiéramos comenzado
2 comencéis	comenz-arais/aseis	hubierais comenzado
3 comiencen	comenz-aran/asen	hubieran comenzado

PAS. COMP. haya comenzado *etc.*

INFINITIF	*PARTICIPE*
PRESENT	**PRESENT**
comenzar	comenzando
PASSE	**PASSE**
haber comenzado	comenzado

COMER 45
manger

PRESENT	IMPARFAIT	FUTUR
1 como	comía	comeré
2 comes	comías	comerás
3 come	comía	comerá
1 comemos	comíamos	comeremos
2 coméis	comíais	comeréis
3 comen	comían	comerán

PASSE SIMPLE	PASSE COMPOSE	PLUS-QUE-PARFAIT
1 comí	he comido	había comido
2 comiste	has comido	habías comido
3 comió	ha comido	había comido
1 comimos	hemos comido	habíamos comido
2 comisteis	habéis comido	habíais comido
3 comieron	han comido	habían comido

PASSE ANTERIEUR

hube comido *etc.*

FUTUR ANTERIEUR

habré comido *etc.*

CONDITIONNEL

PRESENT	PASSE	*IMPERATIF*
1 comería	habría comido	
2 comerías	habrías comido	(tú) come
3 comería	habría comido	(Vd) coma
1 comeríamos	habríamos comido	(nosotros) comamos
2 comeríais	habríais comido	(vosotros) comed
3 comerían	habrían comido	(Vds) coman

SUBJONCTIF

PRESENT	IMPARFAIT	PLUS-QUE-PARFAIT
1 coma	com-iera/iese	hubiera comido
2 comas	com-ieras/ieses	hubieras comido
3 coma	com-iera/iese	hubiera comido
1 comamos	com-iéramos/iésemos	hubiéramos comido
2 comáis	com-ierais/ieseis	hubierais comido
3 coman	com-ieran/iesen	hubieran comido

PAS. COMP. haya comido *etc.*

INFINITIF	*PARTICIPE*
PRESENT	**PRESENT**
comer	comiendo
PASSE	**PASSE**
haber comido	comido

46 COMPETER
être de la compétence de

PRESENT	IMPARFAIT	FUTUR
3 compete	competía	competerá
3 competen	competían	competerán

PASSE SIMPLE	PASSE COMPOSE	PLUS-QUE-PARFAIT
3 competió	ha competido	había competido
3 competieron	han competido	habían competido

PASSE ANTERIEUR
hubo competido *etc.*

FUTUR ANTERIEUR
habrá competido *etc.*

CONDITIONNEL

PRESENT	PASSE	*IMPERATIF*
3 competería	habría competido	
3 competerían	habrían competido	

SUBJONCTIF

PRESENT	IMPARFAIT	PLUS-QUE-PARFAIT
3 competa	compet-iera/iese	hubiera competido
3 competan	compet-ieran/iesen	hubieran competido

PAS. COMP. haya competido *etc.*

INFINITIF	*PARTICIPE*
PRESENT	**PRESENT**
competer	competiendo
PASSE	**PASSE**
haber competido	competido

COMPRAR
acheter 47

	PRESENT	IMPARFAIT	FUTUR
1	compro	compraba	compraré
2	compras	comprabas	comprarás
3	compra	compraba	comprará
1	compramos	comprábamos	compraremos
2	compráis	comprabais	compraréis
3	compran	compraban	comprarán

	PASSE SIMPLE	PASSE COMPOSE	PLUS-QUE-PARFAIT
1	compré	he comprado	había comprado
2	compraste	has comprado	habías comprado
3	compró	ha comprado	había comprado
1	compramos	hemos comprado	habíamos comprado
2	comprasteis	habéis comprado	habíais comprado
3	compraron	han comprado	habían comprado

PASSE ANTERIEUR

hube comprado *etc.*

FUTUR ANTERIEUR

habré comprado *etc.*

CONDITIONNEL

	PRESENT	PASSE	IMPERATIF
1	compraría	habría comprado	
2	comprarías	habrías comprado	(tú) compra
3	compraría	habría comprado	(Vd) compre
1	compraríamos	habríamos comprado	(nosotros) compremos
2	compraríais	habríais comprado	(vosotros) comprad
3	comprarían	habrían comprado	(Vds) compren

SUBJONCTIF

	PRESENT	IMPARFAIT	PLUS-QUE-PARFAIT
1	compre	compr-ara/ase	hubiera comprado
2	compres	compr-aras/ases	hubieras comprado
3	compre	compr-ara/ase	hubiera comprado
1	compremos	compr-áramos/ásemos	hubiéramos comprado
2	compréis	compr-arais/aseis	hubierais comprado
3	compren	compr-aran/asen	hubieran comprado

PAS. COMP. haya comprado *etc.*

INFINITIF
PRESENT
comprar

PARTICIPE
PRESENT
comprando

PASSE
haber comprado

PASSE
comprado

48 CONCEBIR
concevoir

PRESENT	IMPARFAIT	FUTUR
1 concibo	concebía	concebiré
2 concibes	concebías	concebirás
3 concibe	concebía	concebirá
1 concebimos	concebíamos	concebiremos
2 concebís	concebíais	concebiréis
3 conciben	concebían	concebirán

PASSE SIMPLE	PASSE COMPOSE	PLUS-QUE-PARFAIT
1 concebí	he concebido	había concebido
2 concebiste	has concebido	habías concebido
3 concibió	ha concebido	había concebido
1 concebimos	hemos concebido	habíamos concebido
2 concebisteis	habéis concebido	habíais concebido
3 concibieron	han concebido	habían concebido

PASSE ANTERIEUR
hube concebido *etc.*

FUTUR ANTERIEUR
habré concebido *etc.*

CONDITIONNEL
PRESENT	PASSE	IMPERATIF
1 concebiría	habría concebido	
2 concebirías	habrías concebido	(tú) concibe
3 concebiría	habría concebido	(Vd) conciba
1 concebiríamos	habríamos concebido	(nosotros) concibamos
2 concebiríais	habríais concebido	(vosotros) concebid
3 concebirían	habrían concebido	(Vds) conciban

SUBJONCTIF
PRESENT	IMPARFAIT	PLUS-QUE-PARFAIT
1 conciba	concib-iera/iese	hubiera concebido
2 concibas	concib-ieras/ieses	hubieras concebido
3 conciba	concib-iera/iese	hubiera concebido
1 concibamos	concib-iéramos/iésemos	hubiéramos concebido
2 concibáis	concib-ierais/ieseis	hubierais concebido
3 conciban	concib-ieran/iesen	hubieran concebido

PAS. COMP. haya concebido *etc.*

INFINITIF	PARTICIPE
PRESENT	PRESENT
concebir	concibiendo
PASSE	PASSE
haber concebido	concebido

CONCERNIR 49
concerner

PRESENT	IMPARFAIT	FUTUR
3 concierne	concernía	concernirá
3 conciernen	concernían	concernirán
PASSE SIMPLE	**PASSE COMPOSE**	**PLUS-QUE-PARFAIT**
3 concirnió	ha concernido	había concernido
3 concirnieron	han concernido	habían concernido

PASSE ANTERIEUR
hubo concernido *etc.*

FUTUR ANTERIEUR
habrá concernido *etc.*

CONDITIONNEL
PRESENT	PASSE	*IMPERATIF*
3 concerniría	habría concernido	
3 concernirían	habrían concernido	

SUBJONCTIF
PRESENT	IMPARFAIT	PLUS-QUE-PARFAIT
3 concierna	concern-iera/iese	hubiera concernido
3 conciernan	concern-ieran/iesen	hubieran concernido

PAS. COMP. haya concernido *etc.*

INFINITIF	*PARTICIPE*
PRESENT	**PRESENT**
concernir	concerniendo
PASSE	**PASSE**
haber concernido	concernido

50 CONDUCIR
conduire

PRESENT	**IMPARFAIT**	**FUTUR**
1 conduzco	conducía	conduciré
2 conduces	conducías	conducirás
3 conduce	conducía	conducirá
1 conducimos	conducíamos	conduciremos
2 conducís	conducíais	conduciréis
3 conducen	conducían	conducirán

PASSE SIMPLE	**PASSE COMPOSE**	**PLUS-QUE-PARFAIT**
1 conduje	he conducido	había conducido
2 condujiste	has conducido	habías conducido
3 condujo	ha conducido	había conducido
1 condujimos	hemos conducido	habíamos conducido
2 condujisteis	habéis conducido	habíais conducido
3 condujeron	han conducido	habían conducido

PASSE ANTERIEUR
hube conducido *etc.*

FUTUR ANTERIEUR
habré conducido *etc.*

CONDITIONNEL		*IMPERATIF*
PRESENT	**PASSE**	
1 conduciría	habría conducido	
2 conducirías	habrías conducido	
3 conduciría	habría conducido	(tú) conduce
1 conduciríamos	habríamos conducido	(Vd) conduzca
2 conduciríais	habríais conducido	(nosotros) conduzcamos
3 conducirían	habrían conducido	(vosotros) conducid
		(Vds) conduzcan

SUBJONCTIF

PRESENT	**IMPARFAIT**	**PLUS-QUE-PARFAIT**
1 conduzca	conduj-era/ese	hubiera conducido
2 conduzcas	conduj-eras/eses	hubieras conducido
3 conduzca	conduj-era/ese	hubiera conducido
1 conduzcamos	conduj-éramos/ésemos	hubiéramos conducido
2 conduzcáis	conduj-erais/eseis	hubierais conducido
3 conduzcan	conduj-eran/esen	hubieran conducido

PAS. COMP. haya conducido *etc.*

INFINITIF	*PARTICIPE*
PRESENT	**PRESENT**
conducir	conduciendo
PASSE	**PASSE**
haber conducido	conducido

CONOCER 51
savoir

PRESENT	**IMPARFAIT**	**FUTUR**
1 conozco	conocía	conoceré
2 conoces	conocías	conocerás
3 conoce	conocía	conocerá
1 conocemos	conocíamos	conoceremos
2 conocéis	conocíais	conoceréis
3 conocen	conocían	conocerán

PASSE SIMPLE	**PASSE COMPOSE**	**PLUS-QUE-PARFAIT**
1 conocí	he conocido	había conocido
2 conociste	has conocido	habías conocido
3 conoció	ha conocido	había conocido
1 conocimos	hemos conocido	habíamos conocido
2 conocisteis	habéis conocido	habíais conocido
3 conocieron	han conocido	habían conocido

PASSE ANTERIEUR

hube conocido *etc.*

FUTUR ANTERIEUR

habré conocido *etc.*

CONDITIONNEL
PRESENT	**PASSE**	*IMPERATIF*
1 conocería	habría conocido	
2 conocerías	habrías conocido	(tú) conoce
3 conocería	habría conocido	(Vd) conozca
1 conoceríamos	habríamos conocido	(nosotros) conozcamos
2 conoceríais	habríais conocido	(vosotros) conoced
3 conocerían	habrían conocido	(Vds) conozcan

SUBJONCTIF
PRESENT	**IMPARFAIT**	**PLUS-QUE-PARFAIT**
1 conozca	conoc-iera/iese	hubiera conocido
2 conozcas	conoc-ieras/ieses	hubieras conocido
3 conozca	conoc-iera/iese	hubiera conocido
1 conozcamos	conoc-iéramos/iésemos	hubiéramos conocido
2 conozcáis	conoc-ierais/ieseis	hubierais conocido
3 conozcan	conoc-ieran/iesen	hubieran conocido

PAS. COMP. haya conocido *etc.*

INFINITIF	*PARTICIPE*
PRESENT	**PRESENT**
conocer	conociendo
PASSE	**PASSE**
haber conocido	conocido

52 CONSOLAR
consoler

	PRESENT	**IMPARFAIT**	**FUTUR**
1	consuelo	consolaba	consolaré
2	consuelas	consolabas	consolarás
3	consuela	consolaba	consolará
1	consolamos	consolábamos	consolaremos
2	consoláis	consolabais	consolaréis
3	consuelan	consolaban	consolarán

	PASSE SIMPLE	**PASSE COMPOSE**	**PLUS-QUE-PARFAIT**
1	consolé	he consolado	había consolado
2	consolaste	has consolado	habías consolado
3	consoló	ha consolado	había consolado
1	consolamos	hemos consolado	habíamos consolado
2	consolasteis	habéis consolado	habíais consolado
3	consolaron	han consolado	habían consolado

PASSE ANTERIEUR

hube consolado *etc.*

FUTUR ANTERIEUR

habré consolado *etc.*

CONDITIONNEL

	PRESENT	**PASSE**	*IMPERATIF*
1	consolaría	habría consolado	
2	consolarías	habrías consolado	(tú) consuela
3	consolaría	habría consolado	(Vd) consuele
1	consolaríamos	habríamos consolado	(nosotros) consolemos
2	consolaríais	habríais consolado	(vosotros) consolad
3	consolarían	habrían consolado	(Vds) consuelen

SUBJONCTIF

	PRESENT	**IMPARFAIT**	**PLUS-QUE-PARFAIT**
1	consuele	consol-ara/ase	hubiera consolado
2	consueles	consol-aras/ases	hubieras consolado
3	consuele	consol-ara/ase	hubiera consolado
1	consolemos	consol-áramos/ásemos	hubiéramos consolado
2	consoléis	consol-arais/aseis	hubierais consolado
3	consuelen	consol-aran/asen	hubieran consolado

PAS. COMP. haya consolado *etc.*

INFINITIF	*PARTICIPE*
PRESENT	**PRESENT**
consolar	consolando
PASSE	**PASSE**
haber consolado	consolado

CONSTRUIR 53
construire

PRESENT	IMPARFAIT	FUTUR
1 construyo	construía	construiré
2 construyes	construías	construirás
3 construye	construía	construirá
1 construimos	construíamos	construiremos
2 construís	construíais	construiréis
3 construyen	construían	construirán

PASSE SIMPLE	PASSE COMPOSE	PLUS-QUE-PARFAIT
1 construí	he construido	había construido
2 construiste	has construido	habías construido
3 construyó	ha construido	había construido
1 construimos	hemos construido	habíamos construido
2 construisteis	habéis construido	habíais construido
3 construyeron	han construido	habían construido

PASSE ANTERIEUR
hube construido *etc.*

FUTUR ANTERIEUR
habré construido *etc.*

CONDITIONNEL

PRESENT	PASSE	IMPERATIF
1 construiría	habría construido	
2 construirías	habrías construido	(tú) construye
3 construiría	habría construido	(Vd) construya
1 construiríamos	habríamos construido	(nosotros) construyamos
2 construiríais	habríais construido	(vosotros) construid
3 construirían	habrían construido	(Vds) construyan

SUBJONCTIF

PRESENT	IMPARFAIT	PLUS-QUE-PARFAIT
1 construya	constru-yera/yese	hubiera construido
2 construyas	constru-yeras/yeses	hubieras construido
3 construya	constru-yera/yese	hubiera construido
1 construyamos	constru-yéramos/yésemos	hubiéramos construido
2 construyáis	constru-yerais/yeseis	hubierais construido
3 construyan	constru-yeran/yesen	hubieran construido

PAS. COMP. haya construido *etc.*

INFINITIF	PARTICIPE
PRESENT	**PRESENT**
construir	construyendo
PASSE	**PASSE**
haber construido	construido

54 CONTAR
raconter, compter

PRESENT	IMPARFAIT	FUTUR
1 cuento	contaba	contaré
2 cuentas	contabas	contarás
3 cuenta	contaba	contará
1 contamos	contábamos	contaremos
2 contáis	contabais	contaréis
3 cuentan	contaban	contarán

PASSE SIMPLE	PASSE COMPOSE	PLUS-QUE-PARFAIT
1 conté	he contado	había contado
2 contaste	has contado	habías contado
3 contó	ha contado	había contado
1 contamos	hemos contado	habíamos contado
2 contasteis	habéis contado	habíais contado
3 contaron	han contado	habían contado

PASSE ANTERIEUR

hube contado *etc.*

FUTUR ANTERIEUR

habré contado *etc.*

CONDITIONNEL
PRESENT	PASSE	IMPERATIF
1 contaría	habría contado	
2 contarías	habrías contado	(tú) cuenta
3 contaría	habría contado	(Vd) cuente
1 contaríamos	habríamos contado	(nosotros) contemos
2 contaríais	habríais contado	(vosotros) contad
3 contarían	habrían contado	(Vds) cuenten

SUBJONCTIF
PRESENT	IMPARFAIT	PLUS-QUE-PARFAIT
1 cuente	cont-ara/ase	hubiera contado
2 cuentes	cont-aras/ases	hubieras contado
3 cuente	cont-ara/ase	hubiera contado
1 contemos	cont-áramos/ásemos	hubiéramos contado
2 contéis	cont-arais/aseis	hubierais contado
3 cuenten	cont-aran/asen	hubieran contado

PAS. COMP. haya contado *etc.*

INFINITIF	PARTICIPE
PRESENT	**PRESENT**
contar	contando
PASSE	**PASSE**
haber contado	contado

CONTESTAR
répondre
55

PRESENT	**IMPARFAIT**	**FUTUR**
1 contesto	contestaba	contestaré
2 contestas	contestabas	contestarás
3 contesta	contestaba	contestará
1 contestamos	contestábamos	contestaremos
2 contestáis	contestabais	contestaréis
3 contestan	contestaban	contestarán

PASSE SIMPLE	**PASSE COMPOSE**	**PLUS-QUE-PARFAIT**
1 contesté	he contestado	había contestado
2 contestaste	has contestado	habías contestado
3 contestó	ha contestado	había contestado
1 contestamos	hemos contestado	habíamos contestado
2 contestasteis	habéis contestado	habíais contestado
3 contestaron	han contestado	habían contestado

PASSE ANTERIEUR
hube contestado *etc.*

FUTUR ANTERIEUR
habré contestado *etc.*

CONDITIONNEL

PRESENT	**PASSE**	*IMPERATIF*
1 contestaría	habría contestado	
2 contestarías	habrías contestado	(tú) contesta
3 contestaría	habría contestado	(Vd) conteste
1 contestaríamos	habríamos contestado	(nosotros) contestemos
2 contestaríais	habríais contestado	(vosotros) contestad
3 contestarían	habrían contestado	(Vds) contesten

SUBJONCTIF

PRESENT	**IMPARFAIT**	**PLUS-QUE-PARFAIT**
1 conteste	contest-ara/ase	hubiera contestado
2 contestes	contest-aras/ases	hubieras contestado
3 conteste	contest-ara/ase	hubiera contestado
1 contestemos	contest-áramos/ásemos	hubiéramos contestado
2 contestéis	contest-arais/aseis	hubierais contestado
3 contesten	contest-aran/asen	hubieran contestado

PAS. COMP. haya contestado *etc.*

INFINITIF	*PARTICIPE*
PRESENT	**PRESENT**
contestar	contestando
PASSE	**PASSE**
haber contestado	contestado

56 CONTINUAR
continuer

PRESENT	**IMPARFAIT**	**FUTUR**
1 continúo	continuaba	continuaré
2 continúas	continuabas	continuarás
3 continúa	continuaba	continuará
1 continuamos	continuábamos	continuaremos
2 continuáis	continuabais	continuaréis
3 continúan	continuaban	continuarán

PASSE SIMPLE	**PASSE COMPOSE**	**PLUS-QUE-PARFAIT**
1 continué	he continuado	había continuado
2 continuaste	has continuado	habías continuado
3 continuó	ha continuado	había continuado
1 continuamos	hemos continuado	habíamos continuado
2 continuasteis	habéis continuado	habíais continuado
3 continuaron	han continuado	habían continuado

PASSE ANTERIEUR

hube continuado *etc.*

FUTUR ANTERIEUR

habré continuado *etc.*

CONDITIONNEL

PRESENT	**PASSE**	*IMPERATIF*
1 continuaría	habría continuado	
2 continuarías	habrías continuado	(tú) continúa
3 continuaría	habría continuado	(Vd) continúe
1 continuaríamos	habríamos continuado	(nosotros) continuemos
2 continuaríais	habríais continuado	(vosotros) continuad
3 continuarían	habrían continuado	(Vds) continúen

SUBJONCTIF

PRESENT	**IMPARFAIT**	**PLUS-QUE-PARFAIT**
1 continúe	continu-ara/ase	hubiera continuado
2 continúes	continu-aras/ases	hubieras continuado
3 continúe	continu-ara/ase	hubiera continuado
1 continuemos	continu-áramos/ásemos	hubiéramos continuado
2 continuéis	continu-arais/aseis	hubierais continuado
3 continúen	continu-aran/asen	hubieran continuado

PAS. COMP. haya continuado *etc.*

INFINITIF	*PARTICIPE*
PRESENT	**PRESENT**
continuar	continuando
PASSE	**PASSE**
haber continuado	continuado

CORREGIR 57
corriger

	PRESENT	**IMPARFAIT**	**FUTUR**
1	corrijo	corregía	corregiré
2	corriges	corregías	corregirás
3	corrige	corregía	corregirá
1	corregimos	corregíamos	corregiremos
2	corregís	corregíais	corregiréis
3	corrigen	corregían	corregirán

	PASSE SIMPLE	**PASSE COMPOSE**	**PLUS-QUE-PARFAIT**
1	corregí	he corregido	había corregido
2	corregiste	has corregido	habías corregido
3	corrigió	ha corregido	había corregido
1	corregimos	hemos corregido	habíamos corregido
2	corregisteis	habéis corregido	habíais corregido
3	corrigieron	han corregido	habían corregido

PASSE ANTERIEUR

hube corregido *etc.*

FUTUR ANTERIEUR

habré corregido *etc.*

CONDITIONNEL

	PRESENT	**PASSE**	*IMPERATIF*
1	corregiría	habría corregido	
2	corregirías	habrías corregido	(tú) corrige
3	corregiría	habría corregido	(Vd) corrija
1	corregiríamos	habríamos corregido	(nosotros) corrijamos
2	corregiríais	habríais corregido	(vosotros) corregid
3	corregirían	habrían corregido	(Vds) corrijan

SUBJONCTIF

	PRESENT	**IMPARFAIT**	**PLUS-QUE-PARFAIT**
1	corrija	corrig-iera/iese	hubiera corregido
2	corrijas	corrig-ieras/ieses	hubieras corregido
3	corrija	corrig-iera/iese	hubiera corregido
1	corrijamos	corrig-iéramos/iésemos	hubiéramos corregido
2	corrijáis	corrig-ierais/ieseis	hubierais corregido
3	corrijan	corrig-ieran/iesen	hubieran corregido

PAS. COMP. haya corregido *etc.*

INFINITIF	*PARTICIPE*
PRESENT	**PRESENT**
corregir	corrigiendo
PASSE	**PASSE**
haber corregido	corregido

58 CORRER
courir

PRESENT	**IMPARFAIT**	**FUTUR**
1 corro	corría	correré
2 corres	corrías	correrás
3 corre	corría	correrá
1 corremos	corríamos	correremos
2 corréis	corríais	correréis
3 corren	corrían	correrán

PASSE SIMPLE	**PASSE COMPOSE**	**PLUS-QUE-PARFAIT**
1 corrí	he corrido	había corrido
2 corriste	has corrido	habías corrido
3 corrió	ha corrido	había corrido
1 corrimos	hemos corrido	habíamos corrido
2 corristeis	habéis corrido	habíais corrido
3 corrieron	han corrido	habían corrido

PASSE ANTERIEUR

hube corrido *etc.*

FUTUR ANTERIEUR

habré corrido *etc.*

CONDITIONNEL

PRESENT	**PASSE**	*IMPERATIF*
1 correría	habría corrido	
2 correrías	habrías corrido	(tú) corre
3 correría	habría corrido	(Vd) corra
1 correríamos	habríamos corrido	(nosotros) corramos
2 correríais	habríais corrido	(vosotros) corred
3 correrían	habrían corrido	(Vds) corran

SUBJONCTIF

PRESENT	**IMPARFAIT**	**PLUS-QUE-PARFAIT**
1 corra	corr-iera/iese	hubiera corrido
2 corras	corr-ieras/ieses	hubieras corrido
3 corra	corr-iera/iese	hubiera corrido
1 corramos	corr-iéramos/iésemos	hubiéramos corrido
2 corráis	corr-ierais/ieseis	hubierais corrido
3 corran	corr-ieran/iesen	hubieran corrido

PAS. COMP. haya corrido *etc.*

INFINITIF	*PARTICIPE*
PRESENT	**PRESENT**
correr	corriendo
PASSE	**PASSE**
haber corrido	corrido

COSTAR
coûter **59**

PRESENT	IMPARFAIT	FUTUR
1 cuesto	costaba	costaré
2 cuestas	costabas	costarás
3 cuesta	costaba	costará
1 costamos	costábamos	costaremos
2 costáis	costabais	costaréis
3 cuestan	costaban	costarán

PASSE SIMPLE	PASSE COMPOSE	PLUS-QUE-PARFAIT
1 costé	he costado	había costado
2 costaste	has costado	habías costado
3 costó	ha costado	había costado
1 costamos	hemos costado	habíamos costado
2 costasteis	habéis costado	habíais costado
3 costaron	han costado	habían costado

PASSE ANTERIEUR

hube costado *etc.*

FUTUR ANTERIEUR

habré costado *etc.*

CONDITIONNEL
PRESENT	PASSE	IMPERATIF
1 costaría	habría costado	
2 costarías	habrías costado	
3 costaría	habría costado	(tú) cuesta
1 costaríamos	habríamos costado	(Vd) cueste
2 costaríais	habríais costado	(nosotros) costemos
3 costarían	habrían costado	(vosotros) costad
		(Vds) cuesten

SUBJONCTIF
PRESENT	IMPARFAIT	PLUS-QUE-PARFAIT
1 cueste	cost-ara/ase	hubiera costado
2 cuestes	cost-aras/ases	hubieras costado
3 cueste	cost-ara/ase	hubiera costado
1 costemos	cost-áramos/ásemos	hubiéramos costado
2 costéis	cost-arais/aseis	hubierais costado
3 cuesten	cost-aran/asen	hubieran costado

PAS. COMP. haya costado *etc.*

INFINITIF
PRESENT
costar

PASSE
haber costado

PARTICIPE
PRESENT
costando

PASSE
costado

60 CRECER
augmenter, grandir

	PRESENT	IMPARFAIT	FUTUR
1	crezco	crecía	creceré
2	creces	crecías	crecerás
3	crece	crecía	crecerá
1	crecemos	crecíamos	creceremos
2	crecéis	crecíais	creceréis
3	crecen	crecían	crecerán

	PASSE SIMPLE	PASSE COMPOSE	PLUS-QUE-PARFAIT
1	crecí	he crecido	había crecido
2	creciste	has crecido	habías crecido
3	creció	ha crecido	había crecido
1	crecimos	hemos crecido	habíamos crecido
2	crecisteis	habéis crecido	habíais crecido
3	crecieron	han crecido	habían crecido

PASSE ANTERIEUR

hube crecido *etc.*

FUTUR ANTERIEUR

habré crecido *etc.*

CONDITIONNEL

	PRESENT	PASSE	IMPERATIF
1	crecería	habría crecido	
2	crecerías	habrías crecido	(tú) crece
3	crecería	habría crecido	(Vd) crezca
1	creceríamos	habríamos crecido	(nosotros) crezcamos
2	creceríais	habríais crecido	(vosotros) creced
3	crecerían	habrían crecido	(Vds) crezcan

SUBJONCTIF

	PRESENT	IMPARFAIT	PLUS-QUE-PARFAIT
1	crezca	crec-iera/iese	hubiera crecido
2	crezcas	crec-ieras/ieses	hubieras crecido
3	crezca	crec-iera/iese	hubiera crecido
1	crezcamos	crec-iéramos/iésemos	hubiéramos crecido
2	crezcáis	crec-ierais/ieseis	hubierais crecido
3	crezcan	crec-ieran/iesen	hubieran crecido

PAS. COMP. haya crecido *etc.*

INFINITIF	*PARTICIPE*
PRESENT	**PRESENT**
crecer	creciendo
PASSE	**PASSE**
haber crecido	crecido

CREER 61
croire

PRESENT	**IMPARFAIT**	**FUTUR**
1 creo	creía	creeré
2 crees	creías	creerás
3 cree	creía	creerá
1 creemos	creíamos	creeremos
2 creéis	creíais	creeréis
3 creen	creían	creerán

PASSE SIMPLE	**PASSE COMPOSE**	**PLUS-QUE-PARFAIT**
1 creí	he creído	había creído
2 creíste	has creído	habías creído
3 creyó	ha creído	había creído
1 creímos	hemos creído	habíamos creído
2 creísteis	habéis creído	habíais creído
3 creyeron	han creído	habían creído

PASSE ANTERIEUR

hube creído *etc.*

FUTUR ANTERIEUR

habré creído *etc.*

CONDITIONNEL
PRESENT	**PASSE**	*IMPERATIF*
1 creería	habría creído	
2 creerías	habrías creído	(tú) cree
3 creería	habría creído	(Vd) crea
1 creeríamos	habríamos creído	(nosotros) creamos
2 creeríais	habríais creído	(vosotros) creed
3 creerían	habrían creído	(Vds) crean

SUBJONCTIF
PRESENT	**IMPARFAIT**	**PLUS-QUE-PARFAIT**
1 crea	cre-yera/yese	hubiera creído
2 creas	cre-yeras/yeses	hubieras creído
3 crea	cre-yera/yese	hubiera creído
1 creamos	cre-yéramos/yésemos	hubiéramos creído
2 creáis	cre-yerais/yeseis	hubierais creído
3 crean	cre-yeran/yesen	hubieran creído

PAS. COMP. haya creído *etc.*

INFINITIF	*PARTICIPE*
PRESENT	**PRESENT**
creer	creyendo
PASSE	**PASSE**
haber creído	creído

62 CRUZAR
croiser, traverser

PRESENT	**IMPARFAIT**	**FUTUR**
1 cruzo	cruzaba	cruzaré
2 cruzas	cruzabas	cruzarás
3 cruza	cruzaba	cruzará
1 cruzamos	cruzábamos	cruzaremos
2 cruzáis	cruzabais	cruzaréis
3 cruzan	cruzaban	cruzarán

PASSE SIMPLE	**PASSE COMPOSE**	**PLUS-QUE-PARFAIT**
1 crucé	he cruzado	había cruzado
2 cruzaste	has cruzado	habías cruzado
3 cruzó	ha cruzado	había cruzado
1 cruzamos	hemos cruzado	habíamos cruzado
2 cruzasteis	habéis cruzado	habíais cruzado
3 cruzaron	han cruzado	habían cruzado

PASSE ANTERIEUR

hube cruzado *etc.*

FUTUR ANTERIEUR

habré cruzado *etc.*

CONDITIONNEL

PRESENT	**PASSE**	*IMPERATIF*
1 cruzaría	habría cruzado	
2 cruzarías	habrías cruzado	(tú) cruza
3 cruzaría	habría cruzado	(Vd) cruce
1 cruzaríamos	habríamos cruzado	(nosotros) crucemos
2 cruzaríais	habríais cruzado	(vosotros) cruzad
3 cruzarían	habrían cruzado	(Vds) crucen

SUBJONCTIF

PRESENT	**IMPARFAIT**	**PLUS-QUE-PARFAIT**
1 cruce	cruz-ara/ase	hubiera cruzado
2 cruces	cruz-aras/ases	hubieras cruzado
3 cruce	cruz-ara/ase	hubiera cruzado
1 crucemos	cruz-áramos/ásemos	hubiéramos cruzado
2 crucéis	cruz-arais/aseis	hubierais cruzado
3 crucen	cruz-aran/asen	hubieran cruzado

PAS. COMP. haya cruzado *etc.*

INFINITIF	*PARTICIPE*
PRESENT	**PRESENT**
cruzar	cruzando
PASSE	**PASSE**
haber cruzado	cruzado

CUBRIR 63
couvrir

PRESENT	**IMPARFAIT**	**FUTUR**
1 cubro	cubría	cubriré
2 cubres	cubrías	cubrirás
3 cubre	cubría	cubrirá
1 cubrimos	cubríamos	cubriremos
2 cubrís	cubríais	cubriréis
3 cubren	cubrían	cubrirán

PASSE SIMPLE	**PASSE COMPOSE**	**PLUS-QUE-PARFAIT**
1 cubrí	he cubierto	había cubierto
2 cubriste	has cubierto	habías cubierto
3 cubrió	ha cubierto	había cubierto
1 cubrimos	hemos cubierto	habíamos cubierto
2 cubristeis	habéis cubierto	habíais cubierto
3 cubrieron	han cubierto	habían cubierto

PASSE ANTERIEUR

hube cubierto *etc.*

FUTUR ANTERIEUR

habré cubierto *etc.*

CONDITIONNEL

PRESENT	**PASSE**	*IMPERATIF*
1 cubriría	habría cubierto	
2 cubrirías	habrías cubierto	(tú) cubre
3 cubriría	habría cubierto	(Vd) cubra
1 cubriríamos	habríamos cubierto	(nosotros) cubramos
2 cubriríais	habríais cubierto	(vosotros) cubrid
3 cubrirían	habrían cubierto	(Vds) cubran

SUBJONCTIF

PRESENT	**IMPARFAIT**	**PLUS-QUE-PARFAIT**
1 cubra	cubr-iera/iese	hubiera cubierto
2 cubras	cubr-ieras/ieses	hubieras cubierto
3 cubra	cubr-iera/iese	hubiera cubierto
1 cubramos	cubr-iéramos/iésemos	hubiéramos cubierto
2 cubráis	cubr-ierais/ieseis	hubierais cubierto
3 cubran	cubr-ieran/iesen	hubieran cubierto

PAS. COMP. haya cubierto *etc.*

INFINITIF	*PARTICIPE*
PRESENT	**PRESENT**
cubrir	cubriendo
PASSE	**PASSE**
haber cubierto	cubierto

64 DAR
donner

	PRESENT	IMPARFAIT	FUTUR
1	doy	daba	daré
2	das	dabas	darás
3	da	daba	dará
1	damos	dábamos	daremos
2	dais	dabais	daréis
3	dan	daban	darán

	PASSE SIMPLE	PASSE COMPOSE	PLUS-QUE-PARFAIT
1	di	he dado	había dado
2	diste	has dado	habías dado
3	dio	ha dado	había dado
1	dimos	hemos dado	habíamos dado
2	disteis	habéis dado	habíais dado
3	dieron	han dado	habían dado

PASSE ANTERIEUR
hube dado *etc.*

FUTUR ANTERIEUR
habré dado *etc.*

CONDITIONNEL

	PRESENT	PASSE	*IMPERATIF*
1	daría	habría dado	
2	darías	habrías dado	(tú) da
3	daría	habría dado	(Vd) dé
1	daríamos	habríamos dado	(nosotros) demos
2	daríais	habríais dado	(vosotros) dad
3	darían	habrían dado	(Vds) den

SUBJONCTIF

	PRESENT	IMPARFAIT	PLUS-QUE-PARFAIT
1	dé	di-era/ese	hubiera dado
2	des	di-eras/eses	hubieras dado
3	dé	di-era/ese	hubiera dado
1	demos	di-éramos/ésemos	hubiéramos dado
2	deis	di-erais/eseis	hubierais dado
3	den	di-eran/esen	hubieran dado

PAS. COMP. haya dado *etc.*

INFINITIF	*PARTICIPE*
PRESENT	**PRESENT**
dar	dando
PASSE	**PASSE**
haber dado	dado

DEBER 65
devoir

PRESENT	IMPARFAIT	FUTUR
1 debo	debía	deberé
2 debes	debías	deberás
3 debe	debía	deberá
1 debemos	debíamos	deberemos
2 debéis	debíais	deberéis
3 deben	debían	deberán

PASSE SIMPLE	PASSE COMPOSE	PLUS-QUE-PARFAIT
1 debí	he debido	había debido
2 debiste	has debido	habías debido
3 debió	ha debido	había debido
1 debimos	hemos debido	habíamos debido
2 debisteis	habéis debido	habíais debido
3 debieron	han debido	habían debido

PASSE ANTERIEUR
hube debido *etc.*

FUTUR ANTERIEUR
habré debido *etc.*

CONDITIONNEL

PRESENT	PASSE
1 debería	habría debido
2 deberías	habrías debido
3 debería	habría debido
1 deberíamos	habríamos debido
2 deberíais	habríais debido
3 deberían	habrían debido

IMPERATIF

(tú) debe
(Vd) deba
(nosotros) debamos
(vosotros) debed
(Vds) deban

SUBJONCTIF

PRESENT	IMPARFAIT	PLUS-QUE-PARFAIT
1 deba	deb-iera/iese	hubiera debido
2 debas	deb-ieras/ieses	hubieras debido
3 deba	deb-iera/iese	hubiera debido
1 debamos	deb-iéramos/iésemos	hubiéramos debido
2 debáis	deb-ierais/ieseis	hubierais debido
3 deban	deb-ieran/iesen	hubieran debido

PAS. COMP. haya debido *etc.*

INFINITIF	PARTICIPE
PRESENT	PRESENT
deber	debiendo
PASSE	PASSE
haber debido	debido

66 DECIDIR
décider

PRESENT	IMPARFAIT	FUTUR
1 decido	decidía	decidiré
2 decides	decidías	decidirás
3 decide	decidía	decidirá
1 decidimos	decidíamos	decidiremos
2 decidís	decidíais	decidiréis
3 deciden	decidían	decidirán

PASSE SIMPLE	PASSE COMPOSE	PLUS-QUE-PARFAIT
1 decidí	he decidido	había decidido
2 decidiste	has decidido	habías decidido
3 decidió	ha decidido	había decidido
1 decidimos	hemos decidido	habíamos decidido
2 decidisteis	habéis decidido	habíais decidido
3 decidieron	han decidido	habían decidido

PASSE ANTERIEUR

hube decidido *etc.*

FUTUR ANTERIEUR

habré decidido *etc.*

CONDITIONNEL

PRESENT	PASSE	IMPERATIF
1 decidiría	habría decidido	
2 decidirías	habrías decidido	(tú) decide
3 decidiría	habría decidido	(Vd) decida
1 decidiríamos	habríamos decidido	(nosotros) decidamos
2 decidiríais	habríais decidido	(vosotros) decidid
3 decidirían	habrían decidido	(Vds) decidan

SUBJONCTIF

PRESENT	IMPARFAIT	PLUS-QUE-PARFAIT
1 decida	decid-iera/iese	hubiera decidido
2 decidas	decid-ieras/ieses	hubieras decidido
3 decida	decid-iera/iese	hubiera decidido
1 decidamos	decid-iéramos/iésemos	hubiéramos decidido
2 decidáis	decid-ierais/ieseis	hubierais decidido
3 decidan	decid-ieran/iesen	hubieran decidido

PAS. COMP. haya decidido *etc.*

INFINITIF	PARTICIPE
PRESENT	PRESENT
decidir	decidiendo
PASSE	PASSE
haber decidido	decidido

DECIR 67
dire

PRESENT	IMPARFAIT	FUTUR
1 digo	decía	diré
2 dices	decías	dirás
3 dice	decía	dirá
1 decimos	decíamos	diremos
2 decís	decíais	diréis
3 dicen	decían	dirán

PASSE SIMPLE	PASSE COMPOSE	PLUS-QUE-PARFAIT
1 dije	he dicho	había dicho
2 dijiste	has dicho	habías dicho
3 dijo	ha dicho	había dicho
1 dijimos	hemos dicho	habíamos dicho
2 dijisteis	habéis dicho	habíais dicho
3 dijeron	han dicho	habían dicho

PASSE ANTERIEUR

hube dicho *etc.*

FUTUR ANTERIEUR

habré dicho *etc.*

CONDITIONNEL

PRESENT	PASSE	IMPERATIF
1 diría	habría dicho	
2 dirías	habrías dicho	
3 diría	habría dicho	(tú) di
1 diríamos	habríamos dicho	(Vd) diga
2 diríais	habríais dicho	(nosotros) digamos
3 dirían	habrían dicho	(vosotros) decid
		(Vds) digan

SUBJONCTIF

PRESENT	IMPARFAIT	PLUS-QUE-PARFAIT
1 diga	dij-era/ese	hubiera dicho
2 digas	dij-eras/eses	hubieras dicho
3 diga	dij-era/ese	hubiera dicho
1 digamos	dij-éramos/ésemos	hubiéramos dicho
2 digáis	dij-erais/eseis	hubierais dicho
3 digan	dij-eran/esen	hubieran dicho

PAS. COMP. haya dicho *etc.*

INFINITIF
PRESENT
decir

PASSE
haber dicho

PARTICIPE
PRESENT
diciendo

PASSE
dicho

68 DEGOLLAR
décapiter

PRESENT	IMPARFAIT	FUTUR
1 degüello	degollaba	degollaré
2 degüellas	degollabas	degollarás
3 degüella	degollaba	degollará
1 degollamos	degollábamos	degollaremos
2 degolláis	degollabais	degollaréis
3 degüellan	degollaban	degollarán

PASSE SIMPLE	PASSE COMPOSE	PLUS-QUE-PARFAIT
1 degollé	he degollado	había degollado
2 degollaste	has degollado	habías degollado
3 degolló	ha degollado	había degollado
1 degollamos	hemos degollado	habíamos degollado
2 degollasteis	habéis degollado	habíais degollado
3 degollaron	han degollado	habían degollado

PASSE ANTERIEUR
hube degollado *etc.*

FUTUR ANTERIEUR
habré degollado *etc.*

CONDITIONNEL

PRESENT	PASSE	IMPERATIF
1 degollaría	habría degollado	
2 degollarías	habrías degollado	(tú) degüella
3 degollaría	habría degollado	(Vd) degüelle
1 degollaríamos	habríamos degollado	(nosotros) degollemos
2 degollaríais	habríais degollado	(vosotros) degollad
3 degollarían	habrían degollado	(Vds) degüellen

SUBJONCTIF

PRESENT	IMPARFAIT	PLUS-QUE-PARFAIT
1 degüelle	degoll-ara/ase	hubiera degollado
2 degüelles	degoll-aras/ases	hubieras degollado
3 degüelle	degoll-ara/ase	hubiera degollado
1 degollemos	degoll-áramos/ásemos	hubiéramos degollado
2 degolléis	degoll-arais/aseis	hubierais degollado
3 degüellen	degoll-aran/asen	hubieran degollado

PAS. COMP. haya degollado *etc.*

INFINITIF
PRESENT
degollar

PASSE
haber degollado

PARTICIPE
PRESENT
degollando

PASSE
degollado

DEJAR 69
laisser, permettre

PRESENT	**IMPARFAIT**	**FUTUR**
1 dejo	dejaba	dejaré
2 dejas	dejabas	dejarás
3 deja	dejaba	dejará
1 dejamos	dejábamos	dejaremos
2 dejáis	dejabais	dejaréis
3 dejan	dejaban	dejarán

PASSE SIMPLE	**PASSE COMPOSE**	**PLUS-QUE-PARFAIT**
1 dejé	he dejado	había dejado
2 dejaste	has dejado	habías dejado
3 dejó	ha dejado	había dejado
1 dejamos	hemos dejado	habíamos dejado
2 dejasteis	habéis dejado	habíais dejado
3 dejaron	han dejado	habían dejado

PASSE ANTERIEUR

hube dejado *etc.*

FUTUR ANTERIEUR

habré dejado *etc.*

CONDITIONNEL

PRESENT	**PASSE**	*IMPERATIF*
1 dejaría	habría dejado	
2 dejarías	habrías dejado	(tú) deja
3 dejaría	habría dejado	(Vd) deje
1 dejaríamos	habríamos dejado	(nosotros) dejemos
2 dejaríais	habríais dejado	(vosotros) dejad
3 dejarían	habrían dejado	(Vds) dejen

SUBJONCTIF

PRESENT	**IMPARFAIT**	**PLUS-QUE-PARFAIT**
1 deje	dej-ara/ase	hubiera dejado
2 dejes	dej-aras/ases	hubieras dejado
3 deje	dej-ara/ase	hubiera dejado
1 dejemos	dej-áramos/ásemos	hubiéramos dejado
2 dejéis	dej-arais/aseis	hubierais dejado
3 dejen	dej-aran/asen	hubieran dejado

PAS. COMP. haya dejado *etc.*

INFINITIF	*PARTICIPE*
PRESENT	**PRESENT**
dejar	dejando
PASSE	**PASSE**
haber dejado	dejado

70 DELINQUIR
commettre un délit

	PRESENT	**IMPARFAIT**	**FUTUR**
1	delinco	delinquía	delinquiré
2	delinques	delinquías	delinquirás
3	delinque	delinquía	delinquirá
1	delinquimos	delinquíamos	delinquiremos
2	delinquís	delinquíais	delinquiréis
3	delinquen	delinquían	delinquirán

	PASSE SIMPLE	**PASSE COMPOSE**	**PLUS-QUE-PARFAIT**
1	delinquí	he delinquido	había delinquido
2	delinquiste	has delinquido	habías delinquido
3	delinquió	ha delinquido	había delinquido
1	delinquimos	hemos delinquido	habíamos delinquido
2	delinquisteis	habéis delinquido	habíais delinquido
3	delinquieron	han delinquido	habían delinquido

PASSE ANTERIEUR
hube delinquido *etc*.

FUTUR ANTERIEUR
habré delinquido *etc*.

CONDITIONNEL

	PRESENT	**PASSE**	**IMPERATIF**
1	delinquiría	habría delinquido	
2	delinquirías	habrías delinquido	(tú) delinque
3	delinquiría	habría delinquido	(Vd) delinca
1	delinquiríamos	habríamos delinquido	(nosotros) delincamos
2	delinquiríais	habríais delinquido	(vosotros) delinquid
3	delinquirían	habrían delinquido	(Vds) delincan

SUBJONCTIF

	PRESENT	**IMPARFAIT**	**PLUS-QUE-PARFAIT**
1	delinca	delinqu-iera/iese	hubiera delinquido
2	delincas	delinqu-ieras/ieses	hubieras delinquido
3	delinca	delinqu-iera/iese	hubiera delinquido
1	delincamos	delinqu-iéramos/iésemos	hubiéramos delinquido
2	delincáis	delinqu-ierais/ieseis	hubierais delinquido
3	delincan	delinqu-ieran/iesen	hubieran delinquido

PAS. COMP. haya delinquido *etc*.

INFINITIF	**PARTICIPE**
PRESENT	**PRESENT**
delinquir	delinquiendo
PASSE	**PASSE**
haber delinquido	delinquido

DESCENDER
descendre 71

PRESENT	IMPARFAIT	FUTUR
1 desciendo	descendía	descenderé
2 desciendes	descendías	descenderás
3 desciende	descendía	descenderá
1 descendemos	descendíamos	descenderemos
2 descendéis	descendíais	descenderéis
3 descienden	descendían	descenderán

PASSE SIMPLE	PASSE COMPOSE	PLUS-QUE-PARFAIT
1 descendí	he descendido	había descendido
2 descendiste	has descendido	habías descendido
3 descendió	ha descendido	había descendido
1 descendimos	hemos descendido	habíamos descendido
2 descendisteis	habéis descendido	habíais descendido
3 descendieron	han descendido	habían descendido

PASSE ANTERIEUR
hube descendido *etc.*

FUTUR ANTERIEUR
habré descendido *etc.*

CONDITIONNEL
PRESENT	PASSE	IMPERATIF
1 descendería	habría descendido	
2 descenderías	habrías descendido	(tú) desciende
3 descendería	habría descendido	(Vd) descienda
1 descenderíamos	habríamos descendido	(nosotros) descendamos
2 descenderíais	habríais descendido	(vosotros) descended
3 descenderían	habrían descendido	(Vds) desciendan

SUBJONCTIF
PRESENT	IMPARFAIT	PLUS-QUE-PARFAIT
1 descienda	descend-iera/iese	hubiera descendido
2 desciendas	descend-ieras/ieses	hubieras descendido
3 descienda	descend-iera/iese	hubiera descendido
1 descendamos	descend-iéramos/iésemos	hubiéramos descendido
2 descendáis	descend-ierais/ieseis	hubierais descendido
3 desciendan	descend-ieran/iesen	hubieran descendido

PAS. COMP. haya descendido *etc.*

INFINITIF	PARTICIPE
PRESENT	**PRESENT**
descender	descendiendo
PASSE	**PASSE**
haber descendido	descendido

72 DESCUBRIR
découvrir

PRESENT	**IMPARFAIT**	**FUTUR**
1 descubro	descubría	descubriré
2 descubres	descubrías	descubrirás
3 descubre	descubría	descubrirá
1 descubrimos	descubríamos	descubriremos
2 descubrís	descubríais	descubriréis
3 descubren	descubrían	descubrirán

PASSE SIMPLE	**PASSE COMPOSE**	**PLUS-QUE-PARFAIT**
1 descubrí	he descubierto	había descubierto
2 descubriste	has descubierto	habías descubierto
3 descubrió	ha descubierto	había descubierto
1 descubrimos	hemos descubierto	habíamos descubierto
2 descubristeis	habéis descubierto	habíais descubierto
3 descubrieron	han descubierto	habían descubierto

PASSE ANTERIEUR

hube descubierto *etc.*

FUTUR ANTERIEUR

habré descubierto *etc.*

CONDITIONNEL

PRESENT	**PASSE**	*IMPERATIF*
1 descubriría	habría descubierto	
2 descubrirías	habrías descubierto	(tú) descubre
3 descubriría	habría descubierto	(Vd) descubra
1 descubriríamos	habríamos descubierto	(nosotros) descubramos
2 descubriríais	habríais descubierto	(vosotros) descubrid
3 descubrirían	habrían descubierto	(Vds) descubran

SUBJONCTIF

PRESENT	**IMPARFAIT**	**PLUS-QUE-PARFAIT**
1 descubra	descubr-iera/iese	hubiera descubierto
2 descubras	descubr-ieras/ieses	hubieras descubierto
3 descubra	descubr-iera/iese	hubiera descubierto
1 descubramos	descubr-iéramos/iésemos	hubiéramos descubierto
2 descubráis	descubr-ierais/ieseis	hubierais descubierto
3 descubran	descubr-ieran/iesen	hubieran descubierto

PAS. COMP. haya descubierto *etc.*

INFINITIF	*PARTICIPE*
PRESENT	**PRESENT**
descubrir	descubriendo
PASSE	**PASSE**
haber descubierto	descubierto

DESPERTARSE 73
se réveiller

PRESENT	**IMPARFAIT**	**FUTUR**
1 me despierto	me despertaba	me despertaré
2 te despiertas	te despertabas	te despertarás
3 se despierta	se despertaba	se despertará
1 nos despertamos	nos despertábamos	nos despertaremos
2 os despertáis	os despertabais	os despertaréis
3 se despiertan	se despertaban	se despertarán

PASSE SIMPLE	**PASSE COMPOSE**	**PLUS-QUE-PARFAIT**
1 me desperté	me he despertado	me había despertado
2 te despertaste	te has despertado	te habías despertado
3 se despertó	se ha despertado	se había despertado
1 nos despertamos	nos hemos despertado	nos habíamos despertado
2 os despertasteis	os habéis despertado	os habíais despertado
3 se despertaron	se han despertado	se habían despertado

PASSE ANTERIEUR

me hube despertado *etc.*

FUTUR ANTERIEUR

me habré despertado *etc.*

CONDITIONNEL
PRESENT   PASSE   *IMPERATIF*

1 me despertaría	me habría despertado	
2 te despertarías	te habrías despertado	(tú) despiértate
3 se despertaría	se habría despertado	(Vd) despiértese
1 nos despertaríamos	nos habríamos despertado	(nosotros) despertémonos
2 os despertaríais	os habríais despertado	(vosotros) despertaos
3 se despertarían	se habrían despertado	(Vds) despiértense

SUBJONCTIF
PRESENT	**IMPARFAIT**	**PLUS-QUE-PARFAIT**
1 me despierte	me despert-ara/ase	me hubiera despertado
2 te despiertes	te despert-aras/ases	te hubieras despertado
3 se despierte	se despert-ara/ase	se hubiera despertado
1 nos despertemos	nos despert-áramos/ásemos	nos hubiéramos despertado
2 os despertéis	os despert-arais/aseis	os hubierais despertado
3 se despierten	se despert-aran/asen	se hubieran despertado

PAS. COMP. me haya despertado *etc.*

INFINITIF	*PARTICIPE*
PRESENT	**PRESENT**
despertarse	despertándose
PASSE	**PASSE**
haberse despertado	despertado

74 DESTRUIR
détruire

PRESENT	**IMPARFAIT**	**FUTUR**
1 destruyo	destruía	destruiré
2 destruyes	destruías	destruirás
3 destruye	destruía	destruirá
1 destruimos	destruíamos	destruiremos
2 destruís	destruíais	destruiréis
3 destruyen	destruían	destruirán

PASSE SIMPLE	**PASSE COMPOSE**	**PLUS-QUE-PARFAIT**
1 destruí	he destruido	había destruido
2 destruiste	has destruido	habías destruido
3 destruyó	ha destruido	había destruido
1 destruimos	hemos destruido	habíamos destruido
2 destruisteis	habéis destruido	habíais destruido
3 destruyeron	han destruido	habían destruido

PASSE ANTERIEUR

hube destruido *etc*.

FUTUR ANTERIEUR

habré destruido *etc*.

CONDITIONNEL

PRESENT	**PASSE**	*IMPERATIF*
1 destruiría	habría destruido	
2 destruirías	habrías destruido	(tú) destruye
3 destruiría	habría destruido	(Vd) destruya
1 destruiríamos	habríamos destruido	(nosotros) destruyamos
2 destruiríais	habríais destruido	(vosotros) destruid
3 destruirían	habrían destruido	(Vds) destruyan

SUBJONCTIF

PRESENT	**IMPARFAIT**	**PLUS-QUE-PARFAIT**
1 destruya	destru-yera/yese	hubiera destruido
2 destruyas	destru-yeras/yeses	hubieras destruido
3 destruya	destru-yera/yese	hubiera destruido
1 destruyamos	destru-yéramos/yésemos	hubiéramos destruido
2 destruyáis	destru-yerais/yeseis	hubierais destruido
3 destruyan	destru-yeran/yesen	hubieran destruido

PAS. COMP. haya destruido *etc*.

INFINITIF	*PARTICIPE*
PRESENT	**PRESENT**
destruir	destruyendo
PASSE	**PASSE**
haber destruido	destruido

DIGERIR 75
digérer

PRESENT
1 digiero
2 digieres
3 digiere
1 digerimos
2 digerís
3 digieren

IMPARFAIT
digería
digerías
digería
digeríamos
digeríais
digerían

FUTUR
digeriré
digerirás
digerirá
digeriremos
digeriréis
digerirán

PASSE SIMPLE
1 digerí
2 digeriste
3 digirió
1 digerimos
2 digeristeis
3 digirieron

PASSE COMPOSE
he digerido
has digerido
ha digerido
hemos digerido
habéis digerido
han digerido

PLUS-QUE-PARFAIT
había digerido
habías digerido
había digerido
habíamos digerido
habíais digerido
habían digerido

PASSE ANTERIEUR
hube digerido *etc.*

FUTUR ANTERIEUR
habré digerido *etc.*

CONDITIONNEL
PRESENT
1 digeriría
2 digerirías
3 digeriría
1 digeriríamos
2 digeriríais
3 digerirían

PASSE
habría digerido
habrías digerido
habría digerido
habríamos digerido
habríais digerido
habrían digerido

IMPERATIF

(tú) digiere
(Vd) digiera
(nosotros) digiramos
(vosotros) digerid
(Vds) digieran

SUBJONCTIF
PRESENT
1 digiera
2 digieras
3 digiera
1 digiramos
2 digiráis
3 digieran

IMPARFAIT
digir-iera/iese
digir-ieras/ieses
digir-iera/iese
digir-iéramos/iésemos
digir-ierais/ieseis
digir-ieran/iesen

PLUS-QUE-PARFAIT
hubiera digerido
hubieras digerido
hubiera digerido
hubiéramos digerido
hubierais digerido
hubieran digerido

PAS. COMP. haya digerido *etc.*

INFINITIF
PRESENT
digerir

PASSE
haber digerido

PARTICIPE
PRESENT
digiriendo

PASSE
digerido

76 DIRIGIR
dirigir

PRESENT	**IMPARFAIT**	**FUTUR**
1 dirijo	dirigía	dirigiré
2 diriges	dirigías	dirigirás
3 dirige	dirigía	dirigirá
1 dirigimos	dirigíamos	dirigiremos
2 dirigís	dirigíais	dirigiréis
3 dirigen	dirigían	dirigirán

PASSE SIMPLE	**PASSE COMPOSE**	**PLUS-QUE-PARFAIT**
1 dirigí	he dirigido	había dirigido
2 dirigiste	has dirigido	habías dirigido
3 dirigió	ha dirigido	había dirigido
1 dirigimos	hemos dirigido	habíamos dirigido
2 dirigisteis	habéis dirigido	habíais dirigido
3 dirigieron	han dirigido	habían dirigido

PASSE ANTERIEUR		**FUTUR ANTERIEUR**
hube dirigido *etc*.		habré dirigido *etc*.

CONDITIONNEL

PRESENT	**PASSE**	*IMPERATIF*
1 dirigiría	habría dirigido	
2 dirigirías	habrías dirigido	(tú) dirige
3 dirigiría	habría dirigido	(Vd) dirija
1 dirigiríamos	habríamos dirigido	(nosotros) dirijamos
2 dirigiríais	habríais dirigido	(vosotros) dirigid
3 dirigirían	habrían dirigido	(Vds) dirijan

SUBJONCTIF

PRESENT	**IMPARFAIT**	**PLUS-QUE-PARFAIT**
1 dirija	dirig-iera/iese	hubiera dirigido
2 dirijas	dirig-ieras/ieses	hubieras dirigido
3 dirija	dirig-iera/iese	hubiera dirigido
1 dirijamos	dirig-iéramos/iésemos	hubiéramos dirigido
2 dirijáis	dirig-ierais/ieseis	hubierais dirigido
3 dirijan	dirig-ieran/iesen	hubieran dirigido

PAS. COMP. haya dirigido *etc.*

INFINITIF	*PARTICIPE*
PRESENT	**PRESENT**
dirigir	dirigiendo
PASSE	**PASSE**
haber dirigido	dirigido

DISCERNIR 77
discerner

PRESENT
1 discierno
2 disciernes
3 discierne
1 discernimos
2 discernís
3 disciernen

IMPARFAIT
discernía
discernías
discernía
discerníamos
discerníais
discernían

FUTUR
discerniré
discernirás
discernirá
discerniremos
discerniréis
discernirán

PASSE SIMPLE
1 discerní
2 discerniste
3 discirnió
1 discernimos
2 discernisteis
3 discirnieron

PASSE COMPOSE
he discernido
has discernido
ha discernido
hemos discernido
habéis discernido
han discernido

PLUS-QUE-PARFAIT
había discernido
habías discernido
había discernido
habíamos discernido
habíais discernido
habían discernido

PASSE ANTERIEUR
hube discernido *etc.*

FUTUR ANTERIEUR
habré discernido *etc.*

CONDITIONNEL
PRESENT
1 discerniría
2 discernirías
3 discerniría
1 discerniríamos
2 discerniríais
3 discernirían

PASSE
habría discernido
habrías discernido
habría discernido
habríamos discernido
habríais discernido
habrían discernido

IMPERATIF

(tú) discierne
(Vd) discierna
(nosotros) discirnamos
(vosotros) discernid
(Vds) disciernan

SUBJONCTIF
PRESENT
1 discierna
2 disciernas
3 discierna
1 discirnamos
2 discirnáis
3 disciernan

IMPARFAIT
discirn-iera/iese
discirn-ieras/ieses
discirn-iera/iese
discirn-iéramos/iésemos
discirn-ierais/ieseis
discirn-ieran/iesen

PLUS-QUE-PARFAIT
hubiera discernido
hubieras discernido
hubiera discernido
hubiéramos discernido
hubierais discernido
hubieran discernido

PAS. COMP. haya discernido *etc.*

INFINITIF
PRESENT
discernir

PASSE
haber discernido

PARTICIPE
PRESENT
discirniendo

PASSE
discernido

78 DISTINGUIR
distinguer

PRESENT	IMPARFAIT	FUTUR
1 distingo	distinguía	distinguiré
2 distingues	distinguías	distinguirás
3 distingue	distinguía	distinguirá
1 distinguimos	distinguíamos	distinguiremos
2 distinguís	distinguíais	distinguiréis
3 distinguen	distinguían	distinguirán

PASSE SIMPLE	PASSE COMPOSE	PLUS-QUE-PARFAIT
1 distinguí	he distinguido	había distinguido
2 distinguiste	has distinguido	habías distinguido
3 distinguió	ha distinguido	había distinguido
1 distinguimos	hemos distinguido	habíamos distinguido
2 distinguisteis	habéis distinguido	habíais distinguido
3 distinguieron	han distinguido	habían distinguido

PASSE ANTERIEUR
hube distinguido *etc*.

FUTUR ANTERIEUR
habré distinguido *etc*.

CONDITIONNEL

PRESENT	PASSE	*IMPERATIF*
1 distinguiría	habría distinguido	
2 distinguirías	habrías distinguido	(tú) distingue
3 distinguiría	habría distinguido	(Vd) distinga
1 distinguiríamos	habríamos distinguido	(nosotros) distingamos
2 distinguiríais	habríais distinguido	(vosotros) distinguid
3 distinguirían	habrían distinguido	(Vds) distingan

SUBJONCTIF

PRESENT	IMPARFAIT	PLUS-QUE-PARFAIT
1 distinga	distingu-iera/iese	hubiera distinguido
2 distingas	distingu-ieras/ieses	hubieras distinguido
3 distinga	distingu-iera/iese	hubiera distinguido
1 distingamos	distingu-iéramos/iésemos	hubiéramos distinguido
2 distingáis	distingu-ierais/ieseis	hubierais distinguido
3 distingan	distingu-ieran/iesen	hubieran distinguido

PAS. COMP. haya distinguido *etc*.

INFINITIF	*PARTICIPE*
PRESENT	**PRESENT**
distinguir	distinguiendo
PASSE	**PASSE**
haber distinguido	distinguido

DIVERTIRSE
s'amuser — 79

PRESENT
1 me divierto
2 te diviertes
3 se divierte
1 nos divertimos
2 os divertís
3 se divierten

IMPARFAIT
me divertía
te divertías
se divertía
nos divertíamos
os divertíais
se divertían

FUTUR
me divertiré
te divertirás
se divertirá
nos divertiremos
os divertiréis
se divertirán

PASSE SIMPLE
1 me divertí
2 te divertiste
3 se divirtió
1 nos divertimos
2 os divertisteis
3 se divirtieron

PASSE COMPOSE
me he divertido
te has divertido
se ha divertido
nos hemos divertido
os habéis divertido
se han divertido

PLUS-QUE-PARFAIT
me había divertido
te habías divertido
se había divertido
nos habíamos divertido
os habíais divertido
se habían divertido

PASSE ANTERIEUR
me hube divertido *etc*.

FUTUR ANTERIEUR
me habré divertido *etc*.

CONDITIONNEL
PRESENT
1 me divertiría
2 te divertirías
3 se divertiría
1 nos divertiríamos
2 os divertiríais
3 se divertirían

PASSE
me habría divertido
te habrías divertido
se habría divertido
nos habríamos divertido
os habríais divertido
se habrían divertido

IMPERATIF
(tú) diviértete
(Vd) diviértase
(nosotros) divirtámonos
(vosotros) divertíos
(Vds) diviértanse

SUBJONCTIF
PRESENT
1 me divierta
2 te diviertas
3 se divierta
1 nos divirtamos
2 os divirtáis
3 se diviertan

IMPARFAIT
me divirt-iera/iese
te divirt-ieras/ieses
se divirt-iera/iese
nos divirt-iéramos/iésemos
os divirt-ierais/ieseis
se divirt-ieran/iesen

PLUS-QUE-PARFAIT
me hubiera divertido
te hubieras divertido
se hubiera divertido
nos hubiéramos divertido
os hubierais divertido
se hubieran divertido

PAS. COMP. me haya divertido *etc*.

INFINITIF
PRESENT
divertirse

PASSE
haberse divertido

PARTICIPE
PRESENT
divirtiéndose

PASSE
divertido

80 DOLER
faire mal, faire souffrir

	PRESENT	**IMPARFAIT**	**FUTUR**
1	duelo	dolía	doleré
2	dueles	dolías	dolerás
3	duele	dolía	dolerá
1	dolemos	dolíamos	doleremos
2	doléis	dolíais	doleréis
3	duelen	dolían	dolerán

	PASSE SIMPLE	**PASSE COMPOSE**	**PLUS-QUE-PARFAIT**
1	dolí	he dolido	había dolido
2	doliste	has dolido	habías dolido
3	dolió	ha dolido	había dolido
1	dolimos	hemos dolido	habíamos dolido
2	dolisteis	habéis dolido	habíais dolido
3	dolieron	han dolido	habían dolido

PASSE ANTERIEUR
hube dolido *etc.*

FUTUR ANTERIEUR
habré dolido *etc.*

CONDITIONNEL

	PRESENT	**PASSE**	*IMPERATIF*
1	dolería	habría dolido	
2	dolerías	habrías dolido	(tú) duele
3	dolería	habría dolido	(Vd) duela
1	doleríamos	habríamos dolido	(nosotros) dolamos
2	doleríais	habríais dolido	(vosotros) doled
3	dolerían	habrían dolido	(Vds) duelan

SUBJONCTIF

	PRESENT	**IMPARFAIT**	**PLUS-QUE-PARFAIT**
1	duela	dol-iera/iese	hubiera dolido
2	duelas	dol-ieras/ieses	hubieras dolido
3	duela	dol-iera/iese	hubiera dolido
1	dolamos	dol-iéramos/iésemos	hubiéramos dolido
2	doláis	dol-ierais/ieseis	hubierais dolido
3	duelan	dol-ieran/iesen	hubieran dolido

PAS. COMP. haya dolido *etc.*

INFINITIF	*PARTICIPE*	**N.B.**
PRESENT	**PRESENT**	Dans le sens de 'faire mal', seule la troisième personne est utilisée.
doler	doliendo	
PASSE	**PASSE**	
haber dolido	dolido	

DORMIR 81
dormir

	PRESENT	IMPARFAIT	FUTUR
1	duermo	dormía	dormiré
2	duermes	dormías	dormirás
3	duerme	dormía	dormirá
1	dormimos	dormíamos	dormiremos
2	dormís	dormíais	dormiréis
3	duermen	dormían	dormirán

	PASSE SIMPLE	PASSE COMPOSE	PLUS-QUE-PARFAIT
1	dormí	he dormido	había dormido
2	dormiste	has dormido	habías dormido
3	durmió	ha dormido	había dormido
1	dormimos	hemos dormido	habíamos dormido
2	dormisteis	habéis dormido	habíais dormido
3	durmieron	han dormido	habían dormido

PASSE ANTERIEUR

hube dormido *etc.*

FUTUR ANTERIEUR

habré dormido *etc.*

CONDITIONNEL

	PRESENT	PASSE	*IMPERATIF*
1	dormiría	habría dormido	
2	dormirías	habrías dormido	(tú) duerme
3	dormiría	habría dormido	(Vd) duerma
1	dormiríamos	habríamos dormido	(nosotros) durmamos
2	dormiríais	habríais dormido	(vosotros) dormid
3	dormirían	habrían dormido	(Vds) duerman

SUBJONCTIF

	PRESENT	IMPARFAIT	PLUS-QUE-PARFAIT
1	duerma	durm-iera/iese	hubiera dormido
2	duermas	durm-ieras/ieses	hubieras dormido
3	duerma	durm-iera/iese	hubiera dormido
1	durmamos	durm-iéramos/iésemos	hubiéramos dormido
2	durmáis	durm-ierais/ieseis	hubierais dormido
3	duerman	durm-ieran/iesen	hubieran dormido

PAS. COMP. haya dormido *etc.*

INFINITIF	*PARTICIPE*
PRESENT	**PRESENT**
dormir	durmiendo
PASSE	**PASSE**
haber dormido	dormido

82 EDUCAR
élever, éduquer

PRESENT	**IMPARFAIT**	**FUTUR**
1 educo	educaba	educaré
2 educas	educabas	educarás
3 educa	educaba	educará
1 educamos	educábamos	educaremos
2 educáis	educabais	educaréis
3 educan	educaban	educarán

PASSE SIMPLE	**PASSE COMPOSE**	**PLUS-QUE-PARFAIT**
1 eduqué	he educado	había educado
2 educaste	has educado	habías educado
3 educó	ha educado	había educado
1 educamos	hemos educado	habíamos educado
2 educasteis	habéis educado	habíais educado
3 educaron	han educado	habían educado

PASSE ANTERIEUR
hube educado *etc.*

FUTUR ANTERIEUR
habré educado *etc.*

CONDITIONNEL

PRESENT	**PASSE**	*IMPERATIF*
1 educaría	habría educado	
2 educarías	habrías educado	(tú) educa
3 educaría	habría educado	(Vd) eduque
1 educaríamos	habríamos educado	(nosotros) eduquemos
2 educaríais	habríais educado	(vosotros) educad
3 educarían	habrían educado	(Vds) eduquen

SUBJONCTIF

PRESENT	**IMPARFAIT**	**PLUS-QUE-PARFAIT**
1 eduque	educ-ara/ase	hubiera educado
2 eduques	educ-aras/ases	hubieras educado
3 eduque	educ-ara/ase	hubiera educado
1 eduquemos	educ-áramos/ásemos	hubiéramos educado
2 eduquéis	educ-arais/aseis	hubierais educado
3 eduquen	educ-aran/asen	hubieran educado

PAS. COMP. haya educado *etc.*

INFINITIF	*PARTICIPE*
PRESENT	**PRESENT**
educar	educando
PASSE	**PASSE**
haber educado	educado

ELEGIR
choisir 83

PRESENT	**IMPARFAIT**	**FUTUR**
1 elijo	elegía	elegiré
2 eliges	elegías	elegirás
3 elige	elegía	elegirá
1 elegimos	elegíamos	elegiremos
2 elegís	elegíais	elegiréis
3 eligen	elegían	elegirán

PASSE SIMPLE	**PASSE COMPOSE**	**PLUS-QUE-PARFAIT**
1 elegí	he elegido	había elegido
2 elegiste	has elegido	habías elegido
3 eligió	ha elegido	había elegido
1 elegimos	hemos elegido	habíamos elegido
2 elegisteis	habéis elegido	habíais elegido
3 eligieron	han elegido	habían elegido

PASSE ANTERIEUR

hube elegido *etc.*

FUTUR ANTERIEUR

habré elegido *etc.*

CONDITIONNEL

PRESENT	**PASSE**	*IMPERATIF*
1 elegiría	habría elegido	
2 elegirías	habrías elegido	(tú) elige
3 elegiría	habría elegido	(Vd) elija
1 elegiríamos	habríamos elegido	(nosotros) elijamos
2 elegiríais	habríais elegido	(vosotros) elegid
3 elegirían	habrían elegido	(Vds) elijan

SUBJONCTIF

PRESENT	**IMPARFAIT**	**PLUS-QUE-PARFAIT**
1 elija	elig-iera/iese	hubiera elegido
2 elijas	elig-ieras/ieses	hubieras elegido
3 elija	elig-iera/iese	hubiera elegido
1 elijamos	elig-iéramos/iésemos	hubiéramos elegido
2 elijáis	elig-ierais/ieseis	hubierais elegido
3 elijan	elig-ieran/iesen	hubieran elegido

PAS. COMP. haya elegido *etc.*

INFINITIF	*PARTICIPE*
PRESENT	**PRESENT**
elegir	eligiendo
PASSE	**PASSE**
haber elegido	elegido

84 EMBARCAR
embarquer

PRESENT	IMPARFAIT	FUTUR
1 embarco	embarcaba	embarcaré
2 embarcas	embarcabas	embarcarás
3 embarca	embarcaba	embarcará
1 embarcamos	embarcábamos	embarcaremos
2 embarcáis	embarcabais	embarcaréis
3 embarcan	embarcaban	embarcarán

PASSE SIMPLE	PASSE COMPOSE	PLUS-QUE-PARFAIT
1 embarqué	he embarcado	había embarcado
2 embarcaste	has embarcado	habías embarcado
3 embarcó	ha embarcado	había embarcado
1 embarcamos	hemos embarcado	habíamos embarcado
2 embarcasteis	habéis embarcado	habíais embarcado
3 embarcaron	han embarcado	habían embarcado

PASSE ANTERIEUR

hube embarcado *etc*.

FUTUR ANTERIEUR

habré embarcado *etc*.

CONDITIONNEL

PRESENT	PASSE	IMPERATIF
1 embarcaría	habría embarcado	
2 embarcarías	habrías embarcado	(tú) embarca
3 embarcaría	habría embarcado	(Vd) embarque
1 embarcaríamos	habríamos embarcado	(nosotros) embarquemos
2 embarcaríais	habríais embarcado	(vosotros) embarcad
3 embarcarían	habrían embarcado	(Vds) embarquen

SUBJONCTIF

PRESENT	IMPARFAIT	PLUS-QUE-PARFAIT
1 embarque	embarc-ara/ase	hubiera embarcado
2 embarques	embarc-aras/ases	hubieras embarcado
3 embarque	embarc-ara/ase	hubiera embarcado
1 embarquemos	embarc-áramos/ásemos	hubiéramos embarcado
2 embarquéis	embarc-arais/aseis	hubierais embarcado
3 embarquen	embarc-aran/asen	hubieran embarcado

PAS. COMP. haya embarcado *etc*.

INFINITIF	PARTICIPE
PRESENT	PRESENT
embarcar	embarcando
PASSE	PASSE
haber embarcado	embarcado

EMPEZAR 85
commencer

PRESENT	IMPARFAIT	FUTUR
1 empiezo	empezaba	empezaré
2 empiezas	empezabas	empezarás
3 empieza	empezaba	empezará
1 empezamos	empezábamos	empezaremos
2 empezáis	empezabais	empezaréis
3 empiezan	empezaban	empezarán

PASSE SIMPLE	PASSE COMPOSE	PLUS-QUE-PARFAIT
1 empecé	he empezado	había empezado
2 empezaste	has empezado	habías empezado
3 empezó	ha empezado	había empezado
1 empezamos	hemos empezado	habíamos empezado
2 empezasteis	habéis empezado	habíais empezado
3 empezaron	han empezado	habían empezado

PASSE ANTERIEUR

hube empezado *etc.*

FUTUR ANTERIEUR

habré empezado *etc.*

CONDITIONNEL

PRESENT	PASSE	*IMPERATIF*
1 empezaría	habría empezado	
2 empezarías	habrías empezado	(tú) empieza
3 empezaría	habría empezado	(Vd) empiece
1 empezaríamos	habríamos empezado	(nosotros) empecemos
2 empezaríais	habríais empezado	(vosotros) empezad
3 empezarían	habrían empezado	(Vds) empiecen

SUBJONCTIF

PRESENT	IMPARFAIT	PLUS-QUE-PARFAIT
1 empiece	empez-ara/ase	hubiera empezado
2 empieces	empez-aras/ases	hubieras empezado
3 empiece	empez-ara/ase	hubiera empezado
1 empecemos	empez-áramos/ásemos	hubiéramos empezado
2 empecéis	empez-arais/aseis	hubierais empezado
3 empiecen	empez-aran/asen	hubieran empezado

PAS. COMP. haya empezado *etc.*

INFINITIF	*PARTICIPE*
PRESENT	**PRESENT**
empezar	empezando
PASSE	**PASSE**
haber empezado	empezado

86 EMPUJAR
pousser

	PRESENT	**IMPARFAIT**	**FUTUR**
1	empujo	empujaba	empujaré
2	empujas	empujabas	empujarás
3	empuja	empujaba	empujará
1	empujamos	empujábamos	empujaremos
2	empujáis	empujabais	empujaréis
3	empujan	empujaban	empujarán

	PASSE SIMPLE	**PASSE COMPOSE**	**PLUS-QUE-PARFAIT**
1	empujé	he empujado	había empujado
2	empujaste	has empujado	habías empujado
3	empujó	ha empujado	había empujado
1	empujamos	hemos empujado	habíamos empujado
2	empujasteis	habéis empujado	habíais empujado
3	empujaron	han empujado	habían empujado

PASSE ANTERIEUR

hube empujado *etc.*

FUTUR ANTERIEUR

habré empujado *etc.*

CONDITIONNEL

	PRESENT	**PASSE**	*IMPERATIF*
1	empujaría	habría empujado	
2	empujarías	habrías empujado	(tú) empuja
3	empujaría	habría empujado	(Vd) empuje
1	empujaríamos	habríamos empujado	(nosotros) empujemos
2	empujaríais	habríais empujado	(vosotros) empujad
3	empujarían	habrían empujado	(Vds) empujen

SUBJONCTIF

	PRESENT	**IMPARFAIT**	**PLUS-QUE-PARFAIT**
1	empuje	empuj-ara/ase	hubiera empujado
2	empujes	empuj-aras/ases	hubieras empujado
3	empuje	empuj-ara/ase	hubiera empujado
1	empujemos	empuj-áramos/ásemos	hubiéramos empujado
2	empujéis	empuj-arais/aseis	hubierais empujado
3	empujen	empuj-aran/asen	hubieran empujado

PAS. COMP. haya empujado *etc.*

INFINITIF	*PARTICIPE*
PRESENT	**PRESENT**
empujar	empujando
PASSE	**PASSE**
haber empujado	empujado

ENCENDER
allumer 87

PRESENT	IMPARFAIT	FUTUR
1 enciendo	encendía	encenderé
2 enciendes	encendías	encenderás
3 enciende	encendía	encenderá
1 encendemos	encendíamos	encenderemos
2 encendéis	encendíais	encenderéis
3 encienden	encendían	encenderán

PASSE SIMPLE	PASSE COMPOSE	PLUS-QUE-PARFAIT
1 encendí	he encendido	había encendido
2 encendiste	has encendido	habías encendido
3 encendió	ha encendido	había encendido
1 encendimos	hemos encendido	habíamos encendido
2 encendisteis	habéis encendido	habíais encendido
3 encendieron	han encendido	habían encendido

PASSE ANTERIEUR
hube encendido *etc.*

FUTUR ANTERIEUR
habré encendido *etc.*

CONDITIONNEL

PRESENT	PASSE	*IMPERATIF*
1 encendería	habría encendido	
2 encenderías	habrías encendido	(tú) enciende
3 encendería	habría encendido	(Vd) encienda
1 encenderíamos	habríamos encendido	(nosotros) encendamos
2 encenderíais	habríais encendido	(vosotros) encended
3 encenderían	habrían encendido	(Vds) enciendan

SUBJONCTIF

PRESENT	IMPARFAIT	PLUS-QUE-PARFAIT
1 encienda	encend-iera/iese	hubiera encendido
2 enciendas	encend-ieras/ieses	hubieras encendido
3 encienda	encend-iera/iese	hubiera encendido
1 encendamos	encend-iéramos/iésemos	hubiéramos encendido
2 encendáis	encend-ierais/ieseis	hubierais encendido
3 enciendan	encend-ieran/iesen	hubieran encendido

PAS. COMP. haya encendido *etc.*

INFINITIF	*PARTICIPE*
PRESENT	**PRESENT**
encender	encendiendo
PASSE	**PASSE**
haber encendido	encendido

88 ENCONTRAR
trouver

PRESENT	**IMPARFAIT**	**FUTUR**
1 encuentro	encontraba	encontraré
2 encuentras	encontrabas	encontrarás
3 encuentra	encontraba	encontrará
1 encontramos	encontrábamos	encontraremos
2 encontráis	encontrabais	encontraréis
3 encuentran	encontraban	encontrarán

PASSE SIMPLE	**PASSE COMPOSE**	**PLUS-QUE-PARFAIT**
1 encontré	he encontrado	había encontrado
2 encontraste	has encontrado	habías encontrado
3 encontró	ha encontrado	había encontrado
1 encontramos	hemos encontrado	habíamos encontrado
2 encontrasteis	habéis encontrado	habíais encontrado
3 encontraron	han encontrado	habían encontrado

PASSE ANTERIEUR

hube encontrado *etc.*

FUTUR ANTERIEUR

habré encontrado *etc.*

CONDITIONNEL

PRESENT	**PASSE**	*IMPERATIF*
1 encontraría	habría encontrado	
2 encontrarías	habrías encontrado	(tú) encuentra
3 encontraría	habría encontrado	(Vd) encuentre
1 encontraríamos	habríamos encontrado	(nosotros) encontremos
2 encontraríais	habríais encontrado	(vosotros) encontrad
3 encontrarían	habrían encontrado	(Vds) encuentren

SUBJONCTIF

PRESENT	**IMPARFAIT**	**PLUS-QUE-PARFAIT**
1 encuentre	encontr-ara/ase	hubiera encontrado
2 encuentres	encontr-aras/ases	hubieras encontrado
3 encuentre	encontr-ara/ase	hubiera encontrado
1 encontremos	encontr-áramos/ásemos	hubiéramos encontrado
2 encontréis	encontr-arais/aseis	hubierais encontrado
3 encuentren	encontr-aran/asen	hubieran encontrado

PAS. COMP. haya encontrado *etc.*

INFINITIF	*PARTICIPE*
PRESENT	**PRESENT**
encontrar	encontrando
PASSE	**PASSE**
haber encontrado	encontrado

ENFRIAR 89
refroidir, rafraîchir

PRESENT	**IMPARFAIT**	**FUTUR**
1 enfrío	enfriaba	enfriaré
2 enfrías	enfriabas	enfriarás
3 enfría	enfriaba	enfriará
1 enfriamos	enfriábamos	enfriaremos
2 enfriáis	enfriabais	enfriaréis
3 enfrían	enfriaban	enfriarán

PASSE SIMPLE	**PASSE COMPOSE**	**PLUS-QUE-PARFAIT**
1 enfrié	he enfriado	había enfriado
2 enfriaste	has enfriado	habías enfriado
3 enfrió	ha enfriado	había enfriado
1 enfriamos	hemos enfriado	habíamos enfriado
2 enfriasteis	habéis enfriado	habíais enfriado
3 enfriaron	han enfriado	habían enfriado

PASSE ANTERIEUR

hube enfriado *etc.*

FUTUR ANTERIEUR

habré enfriado *etc.*

CONDITIONNEL
PRESENT	**PASSE**	*IMPERATIF*
1 enfriaría	habría enfriado	
2 enfriarías	habrías enfriado	(tú) enfría
3 enfriaría	habría enfriado	(Vd) enfríe
1 enfriaríamos	habríamos enfriado	(nosotros) enfriemos
2 enfriaríais	habríais enfriado	(vosotros) enfriad
3 enfriarían	habrían enfriado	(Vds) enfríen

SUBJONCTIF
PRESENT	**IMPARFAIT**	**PLUS-QUE-PARFAIT**
1 enfríe	enfri-ara/ase	hubiera enfriado
2 enfríes	enfri-aras/ases	hubieras enfriado
3 enfríe	enfri-ara/ase	hubiera enfriado
1 enfriemos	enfri-áramos/ásemos	hubiéramos enfriado
2 enfriéis	enfri-arais/aseis	hubierais enfriado
3 enfríen	enfri-aran/asen	hubieran enfriado

PAS. COMP. haya enfriado *etc.*

INFINITIF	*PARTICIPE*
PRESENT	**PRESENT**
enfriar	enfriando
PASSE	**PASSE**
haber enfriado	enfriado

90 ENFURECERSE
entrer en fureur

PRESENT	IMPARFAIT	FUTUR
1 me enfurezco	me enfurecía	me enfureceré
2 te enfureces	te enfurecías	te enfurecerás
3 se enfurece	se enfurecía	se enfurecerá
1 nos enfurecemos	nos enfurecíamos	nos enfureceremos
2 os enfurecéis	os enfurecíais	os enfureceréis
3 se enfurecen	se enfurecían	se enfurecerán

PASSE SIMPLE	PASSE COMPOSE	PLUS-QUE-PARFAIT
1 me enfurecí	me he enfurecido	me había enfurecido
2 te enfureciste	te has enfurecido	te habías enfurecido
3 se enfureció	se ha enfurecido	se había enfurecido
1 nos enfurecimos	nos hemos enfurecido	nos habíamos enfurecido
2 os enfurecisteis	os habéis enfurecido	os habíais enfurecido
3 se enfurecieron	se han enfurecido	se habían enfurecido

PASSE ANTERIEUR
me hube enfurecido *etc*.

FUTUR ANTERIEUR
me habré enfurecido *etc*.

CONDITIONNEL
PRESENT	PASSE	*IMPERATIF*
1 me enfurecería	me habría enfurecido	
2 te enfurecerías	te habrías enfurecido	(tú) enfurécete
3 se enfurecería	se habría enfurecido	(Vd) enfurézcase
1 nos enfureceríamos	nos habríamos enfurecido	(nosotros) enfurezcámonos
2 os enfureceríais	os habríais enfurecido	(vosotros) enfureceos
3 se enfurecerían	se habrían enfurecido	(Vds) enfurézcanse

SUBJONCTIF
PRESENT	IMPARFAIT	PLUS-QUE-PARFAIT
1 me enfurezca	me enfurec-iera/iese	me hubiera enfurecido
2 te enfurezcas	te enfurec-ieras/ieses	te hubieras enfurecido
3 se enfurezca	se enfurec-iera/iese	se hubiera enfurecido
1 nos enfurezcamos	nos enfurec-iéramos/iésemos	nos hubiéramos enfurecido
2 os enfurezcáis	os enfurec-ierais/ieseis	os hubierais enfurecido
3 se enfurezcan	se enfurec-ieran/iesen	se hubieran enfurecido

PAS. COMP. me haya enfurecido *etc*.

INFINITIF	*PARTICIPE*
PRESENT	**PRESENT**
enfurecerse	enfureciéndose
PASSE	**PASSE**
haberse enfurecido	enfurecido

ENMUDECER 91
se taire, rester muet

PRESENT	**IMPARFAIT**	**FUTUR**
1 enmudezco	enmudecía	enmudeceré
2 enmudeces	enmudecías	enmudecerás
3 enmudece	enmudecía	enmudecerá
1 enmudecemos	enmudecíamos	enmudeceremos
2 enmudecéis	enmudecíais	enmudeceréis
3 enmudecen	enmudecían	enmudecerán

PASSE SIMPLE	**PASSE COMPOSE**	**PLUS-QUE-PARFAIT**
1 enmudecí	he enmudecido	había enmudecido
2 enmudeciste	has enmudecido	habías enmudecido
3 enmudeció	ha enmudecido	había enmudecido
1 enmudecimos	hemos enmudecido	habíamos enmudecido
2 enmudecisteis	habéis enmudecido	habíais enmudecido
3 enmudecieron	han enmudecido	habían enmudecido

PASSE ANTERIEUR

hube enmudecido *etc.*

FUTUR ANTERIEUR

habré enmudecido *etc.*

CONDITIONNEL

PRESENT	**PASSE**	**IMPERATIF**
1 enmudecería	habría enmudecido	
2 enmudecerías	habrías enmudecido	(tú) enmudece
3 enmudecería	habría enmudecido	(Vd) enmudezca
1 enmudeceríamos	habríamos enmudecido	(nosotros) enmudezcamos
2 enmudeceríais	habríais enmudecido	(vosotros) enmudeced
3 enmudecerían	habrían enmudecido	(Vds) enmudezcan

SUBJONCTIF

PRESENT	**IMPARFAIT**	**PLUS-QUE-PARFAIT**
1 enmudezca	enmudec-iera/iese	hubiera enmudecido
2 enmudezcas	enmudec-ieras/ieses	hubieras enmudecido
3 enmudezca	enmudec-iera/iese	hubiera enmudecido
1 enmudezcamos	enmudec-iéramos/iésemos	hubiéramos enmudecido
2 enmudezcáis	enmudec-ierais/ieseis	hubierais enmudecido
3 enmudezcan	enmudec-ieran/iesen	hubieran enmudecido

PAS. COMP. haya enmudecido *etc.*

INFINITIF	*PARTICIPE*
PRESENT	**PRESENT**
enmudecer	enmudeciendo
PASSE	**PASSE**
haber enmudecido	enmudecido

92 ENRAIZAR
prendre racine

	PRESENT	**IMPARFAIT**	**FUTUR**
1	enraízo	enraizaba	enraizaré
2	enraízas	enraizabas	enraizarás
3	enraíza	enraizaba	enraizará
1	enraizamos	enraizábamos	enraizaremos
2	enraizáis	enraizabais	enraizaréis
3	enraízan	enraizaban	enraizarán

	PASSE SIMPLE	**PASSE COMPOSE**	**PLUS-QUE-PARFAIT**
1	enraicé	he enraizado	había enraizado
2	enraizaste	has enraizado	habías enraizado
3	enraizó	ha enraizado	había enraizado
1	enraizamos	hemos enraizado	habíamos enraizado
2	enraizasteis	habéis enraizado	habíais enraizado
3	enraizaron	han enraizado	habían enraizado

PASSE ANTERIEUR
hube enraizado *etc.*

FUTUR ANTERIEUR
habré enraizado *etc.*

CONDITIONNEL

	PRESENT	**PASSE**	*IMPERATIF*
1	enraizaría	habría enraizado	
2	enraizarías	habrías enraizado	(tú) enraíza
3	enraizaría	habría enraizado	(Vd) enraíce
1	enraizaríamos	habríamos enraizado	(nosotros) enraicemos
2	enraizaríais	habríais enraizado	(vosotros) enraizad
3	enraizarían	habrían enraizado	(Vds) enraícen

SUBJONCTIF

	PRESENT	**IMPARFAIT**	**PLUS-QUE-PARFAIT**
1	enraíce	enraiz-ara/ase	hubiera enraizado
2	enraíces	enraiz-aras/ases	hubieras enraizado
3	enraíce	enraiz-ara/ase	hubiera enraizado
1	enraicemos	enraiz-áramos/ásemos	hubiéramos enraizado
2	enraicéis	enraiz-arais/aseis	hubierais enraizado
3	enraícen	enraiz-aran/asen	hubieran enraizado

PAS. COMP. haya enraizado *etc.*

INFINITIF	*PARTICIPE*
PRESENT	**PRESENT**
enraizar	enraizando
PASSE	**PASSE**
haber enraizado	enraizado

ENTENDER 93
comprendre

PRESENT	**IMPARFAIT**	**FUTUR**
1 entiendo	entendía	entenderé
2 entiendes	entendías	entenderás
3 entiende	entendía	entenderá
1 entendemos	entendíamos	entenderemos
2 entendéis	entendíais	entenderéis
3 entienden	entendían	entenderán

PASSE SIMPLE	**PASSE COMPOSE**	**PLUS-QUE-PARFAIT**
1 entendí	he entendido	había entendido
2 entendiste	has entendido	habías entendido
3 entendió	ha entendido	había entendido
1 entendimos	hemos entendido	habíamos entendido
2 entendisteis	habéis entendido	habíais entendido
3 entendieron	han entendido	habían entendido

PASSE ANTERIEUR

hube entendido *etc*.

FUTUR ANTERIEUR

habré entendido *etc*.

CONDITIONNEL
PRESENT	**PASSE**
1 entendería	habría entendido
2 entenderías	habrías entendido
3 entendería	habría entendido
1 entenderíamos	habríamos entendido
2 entenderíais	habríais entendido
3 entenderían	habrían entendido

IMPERATIF

(tú) entiende
(Vd) entienda
(nosotros) entendamos
(vosotros) entended
(Vds) entiendan

SUBJONCTIF
PRESENT	**IMPARFAIT**	**PLUS-QUE-PARFAIT**
1 entienda	entend-iera/iese	hubiera entendido
2 entiendas	entend-ieras/ieses	hubieras entendido
3 entienda	entend-iera/iese	hubiera entendido
1 entendamos	entend-iéramos/iésemos	hubiéramos entendido
2 entendáis	entend-ierais/ieseis	hubierais entendido
3 entiendan	entend-ieran/iesen	hubieran entendido

PAS. COMP. haya entendido *etc*.

INFINITIF	*PARTICIPE*
PRESENT	**PRESENT**
entender	entendiendo
PASSE	**PASSE**
haber entendido	entendido

94 ENTRAR
entrer

	PRESENT	IMPARFAIT	FUTUR
1	entro	entraba	entraré
2	entras	entrabas	entrarás
3	entra	entraba	entrará
1	entramos	entrábamos	entraremos
2	entráis	entrabais	entraréis
3	entran	entraban	entrarán

	PASSE SIMPLE	PASSE COMPOSE	PLUS-QUE-PARFAIT
1	entré	he entrado	había entrado
2	entraste	has entrado	habías entrado
3	entró	ha entrado	había entrado
1	entramos	hemos entrado	habíamos entrado
2	entrasteis	habéis entrado	habíais entrado
3	entraron	han entrado	habían entrado

PASSE ANTERIEUR

hube entrado *etc.*

FUTUR ANTERIEUR

habré entrado *etc.*

CONDITIONNEL

	PRESENT	PASSE		IMPERATIF
1	entraría	habría entrado		
2	entrarías	habrías entrado		(tú) entra
3	entraría	habría entrado		(Vd) entre
1	entraríamos	habríamos entrado		(nosotros) entremos
2	entraríais	habríais entrado		(vosotros) entrad
3	entrarían	habrían entrado		(Vds) entren

SUBJONCTIF

	PRESENT	IMPARFAIT	PLUS-QUE-PARFAIT
1	entre	entr-ara/ase	hubiera entrado
2	entres	entr-aras/ases	hubieras entrado
3	entre	entr-ara/ase	hubiera entrado
1	entremos	entr-áramos/ásemos	hubiéramos entrado
2	entréis	entr-arais/aseis	hubierais entrado
3	entren	entr-aran/asen	hubieran entrado

PAS. COMP. haya entrado *etc.*

INFINITIF	PARTICIPE
PRESENT	**PRESENT**
entrar	entrando
PASSE	**PASSE**
haber entrado	entrado

ENVIAR 95
envoyer

PRESENT	IMPARFAIT	FUTUR
1 envío	enviaba	enviaré
2 envías	enviabas	enviarás
3 envía	enviaba	enviará
1 enviamos	enviábamos	enviaremos
2 enviáis	enviabais	enviaréis
3 envían	enviaban	enviarán

PASSE SIMPLE	PASSE COMPOSE	PLUS-QUE-PARFAIT
1 envié	he enviado	había enviado
2 enviaste	has enviado	habías enviado
3 envió	ha enviado	había enviado
1 enviamos	hemos enviado	habíamos enviado
2 enviasteis	habéis enviado	habíais enviado
3 enviaron	han enviado	habían enviado

PASSE ANTERIEUR

hube enviado *etc.*

FUTUR ANTERIEUR

habré enviado *etc.*

CONDITIONNEL

PRESENT	PASSE	IMPERATIF
1 enviaría	habría enviado	
2 enviarías	habrías enviado	(tú) envía
3 enviaría	habría enviado	(Vd) envíe
1 enviaríamos	habríamos enviado	(nosotros) enviemos
2 enviaríais	habríais enviado	(vosotros) enviad
3 enviarían	habrían enviado	(Vds) envíen

SUBJONCTIF

PRESENT	IMPARFAIT	PLUS-QUE-PARFAIT
1 envíe	envi-ara/ase	hubiera enviado
2 envíes	envi-aras/ases	hubieras enviado
3 envíe	envi-ara/ase	hubiera enviado
1 enviemos	envi-áramos/ásemos	hubiéramos enviado
2 enviéis	envi-arais/aseis	hubierais enviado
3 envíen	envi-aran/asen	hubieran enviado

PAS. COMP. haya enviado *etc.*

INFINITIF	PARTICIPE
PRESENT	PRESENT
enviar	enviando
PASSE	PASSE
haber enviado	enviado

96. EQUIVOCARSE
faire une erreur

PRESENT	IMPARFAIT	FUTUR
1 me equivoco	me equivocaba	me equivocaré
2 te equivocas	te equivocabas	te equivocarás
3 se equivoca	se equivocaba	se equivocará
1 nos equivocamos	nos equivocábamos	nos equivocaremos
2 os equivocáis	os equivocabais	os equivocaréis
3 se equivocan	se equivocaban	se equivocarán

PASSE SIMPLE	PASSE COMPOSE	PLUS-QUE-PARFAIT
1 me equivoqué	me he equivocado	me había equivocado
2 te equivocaste	te has equivocado	te habías equivocado
3 se equivocó	se ha equivocado	se había equivocado
1 nos equivocamos	nos hemos equivocado	nos habíamos equivocado
2 os equivocasteis	os habéis equivocado	os habíais equivocado
3 se equivocaron	se han equivocado	se habían equivocado

PASSE ANTERIEUR

me hube equivocado *etc.*

FUTUR ANTERIEUR

me habré equivocado *etc.*

CONDITIONNEL

PRESENT	PASSE
1 me equivocaría	me habría equivocado
2 te equivocarías	te habrías equivocado
3 se equivocaría	se habría equivocado
1 nos equivocaríamos	nos habríamos equivocado
2 os equivocaríais	os habríais equivocado
3 se equivocarían	se habrían equivocado

IMPERATIF

(tú) equivócate
(Vd) equivóquese
(nosotros) equivoquémonos
(vosotros) equivocaos
(Vds) equivóquense

SUBJONCTIF

PRESENT	IMPARFAIT	PLUS-QUE-PARFAIT
1 me equivoque	me equivoc-ara/ase	me hubiera equivocado
2 te equivoques	te equivoc-aras/ases	te hubieras equivocado
3 se equivoque	se equivoc-ara/ase	se hubiera equivocado
1 nos equivoquemos	nos equivoc-áramos/ásemos	nos hubiéramos equivocado
2 os equivoquéis	os equivoc-arais/aseis	os hubierais equivocado
3 se equivoquen	se equivoc-aran/asen	se hubieran equivocado

PAS. COMP. me haya equivocado *etc.*

INFINITIF	PARTICIPE
PRESENT	**PRESENT**
equivocarse	equivocándose
PASSE	**PASSE**
haberse equivocado	equivocado

ERGUIR 97
lever, redresser

PRESENT	**IMPARFAIT**	**FUTUR**
1 yergo/irgo	erguía	erguiré
2 yergues/irgues	erguías	erguirás
3 yergue/irgue	erguía	erguirá
1 erguimos	erguíamos	erguiremos
2 erguís	erguíais	erguiréis
3 yerguen/irguen	erguían	erguirán

PASSE SIMPLE	**PASSE COMPOSE**	**PLUS-QUE-PARFAIT**
1 erguí	he erguido	había erguido
2 erguiste	has erguido	habías erguido
3 irguió	ha erguido	había erguido
1 erguimos	hemos erguido	habíamos erguido
2 erguisteis	habéis erguido	habíais erguido
3 irguieron	han erguido	habían erguido

PASSE ANTERIEUR

hube erguido *etc.*

FUTUR ANTERIEUR

habré erguido *etc.*

CONDITIONNEL
PRESENT	**PASSE**	*IMPERATIF*
1 erguiría	habría erguido	
2 erguirías	habrías erguido	(tú) yergue/irgue
3 erguiría	habría erguido	(Vd) yerga/irga
1 erguiríamos	habríamos erguido	(nosotros) irgamos/yergamos
2 erguiríais	habríais erguido	(vosotros) erguid
3 erguirían	habrían erguido	(Vds) yergan/irgan

SUBJONCTIF
PRESENT	**IMPARFAIT**	**PLUS-QUE-PARFAIT**
1 yerga/irga	irgu-iera/iese	hubiera erguido
2 yergas/irgas	irgu-ieras/ieses	hubieras erguido
3 yerga/irga	irgu-iera/iese	hubiera erguido
1 irgamos/yergamos	irgu-iéramos/iésemos	hubiéramos erguido
2 irgáis/yergáis	irgu-ierais/ieseis	hubierais erguido
3 yergan/irgan	irgu-ieran/iesen	hubieran erguido

PAS. COMP. haya erguido *etc.*

INFINITIF	*PARTICIPE*	**N.B.**
PRESENT	**PRESENT**	La deuxième forme est très peu utilisée.
erguir	irguiendo	
PASSE	**PASSE**	
haber erguido	erguido	

98 ERRAR
errer, se tromper

PRESENT	**IMPARFAIT**	**FUTUR**
1 yerro	erraba	erraré
2 yerras	errabas	errarás
3 yerra	erraba	errará
1 erramos	errábamos	erraremos
2 erráis	errabais	erraréis
3 yerran	erraban	errarán

PASSE SIMPLE	**PASSE COMPOSE**	**PLUS-QUE-PARFAIT**
1 erré	he errado	había errado
2 erraste	has errado	habías errado
3 erró	ha errado	había errado
1 erramos	hemos errado	habíamos errado
2 errasteis	habéis errado	habíais errado
3 erraron	han errado	habían errado

PASSE ANTERIEUR
hube errado *etc.*

FUTUR ANTERIEUR
habré errado *etc.*

CONDITIONNEL

PRESENT	**PASSE**	*IMPERATIF*
1 erraría	habría errado	
2 errarías	habrías errado	(tú) yerra
3 erraría	habría errado	(Vd) yerre
1 erraríamos	habríamos errado	(nosotros) erremos
2 erraríais	habríais errado	(vosotros) errad
3 errarían	habrían errado	(Vds) yerren

SUBJONCTIF

PRESENT	**IMPARFAIT**	**PLUS-QUE-PARFAIT**
1 yerre	err-ara/ase	hubiera errado
2 yerres	err-aras/ases	hubieras errado
3 yerre	err-ara/ase	hubiera errado
1 erremos	err-áramos/ásemos	hubiéramos errado
2 erréis	err-arais/aseis	hubierais errado
3 yerren	err-aran/asen	hubieran errado

PAS. COMP. haya errado *etc.*

INFINITIF	*PARTICIPE*
PRESENT	**PRESENT**
errar	errando
PASSE	**PASSE**
haber errado	errado

ESCRIBIR 99
écrire

PRESENT	IMPARFAIT	FUTUR
1 escribo	escribía	escribiré
2 escribes	escribías	escribirás
3 escribe	escribía	escribirá
1 escribimos	escribíamos	escribiremos
2 escribís	escribíais	escribiréis
3 escriben	escribían	escribirán

PASSE SIMPLE	PASSE COMPOSE	PLUS-QUE-PARFAIT
1 escribí	he escrito	había escrito
2 escribiste	has escrito	habías escrito
3 escribió	ha escrito	había escrito
1 escribimos	hemos escrito	habíamos escrito
2 escribisteis	habéis escrito	habíais escrito
3 escribieron	han escrito	habían escrito

PASSE ANTERIEUR

hube escrito *etc.*

FUTUR ANTERIEUR

habré escrito *etc.*

CONDITIONNEL

PRESENT	PASSE	IMPERATIF
1 escribiría	habría escrito	
2 escribirías	habrías escrito	(tú) escribe
3 escribiría	habría escrito	(Vd) escriba
1 escribiríamos	habríamos escrito	(nosotros) escribamos
2 escribiríais	habríais escrito	(vosotros) escribid
3 escribirían	habrían escrito	(Vds) escriban

SUBJONCTIF

PRESENT	IMPARFAIT	PLUS-QUE-PARFAIT
1 escriba	escrib-iera/iese	hubiera escrito
2 escribas	escrib-ieras/ieses	hubieras escrito
3 escriba	escrib-iera/iese	hubiera escrito
1 escribamos	escrib-iéramos/iésemos	hubiéramos escrito
2 escribáis	escrib-ierais/ieseis	hubierais escrito
3 escriban	escrib-ieran/iesen	hubieran escrito

PAS. COMP. haya escrito *etc.*

INFINITIF	*PARTICIPE*
PRESENT	**PRESENT**
escribir	escribiendo
PASSE	**PASSE**
haber escrito	escrito

100 ESFORZARSE
faire un effort

	PRESENT	**IMPARFAIT**	**FUTUR**
1	me esfuerzo	me esforzaba	me esforzaré
2	te esfuerzas	te esforzabas	te esforzarás
3	se esfuerza	se esforzaba	se esforzará
1	nos esforzamos	nos esforzábamos	nos esforzaremos
2	os esforzáis	os esforzabais	os esforzaréis
3	se esfuerzan	se esforzaban	se esforzarán

	PASSE SIMPLE	**PASSE COMPOSE**	**PLUS-QUE-PARFAIT**
1	me esforcé	me he esforzado	me había esforzado
2	te esforzaste	te has esforzado	te habías esforzado
3	se esforzó	se ha esforzado	se había esforzado
1	nos esforzamos	nos hemos esforzado	nos habíamos esforzado
2	os esforzasteis	os habéis esforzado	os habíais esforzado
3	se esforzaron	se han esforzado	se habían esforzado

PASSE ANTERIEUR
me hube esforzado *etc.*

FUTUR ANTERIEUR
me habré esforzado *etc.*

CONDITIONNEL
PRESENT — PASSE — *IMPERATIF*

	PRESENT	PASSE	
1	me esforzaría	me habría esforzado	
2	te esforzarías	te habrías esforzado	(tú) esfuérzate
3	se esforzaría	se habría esforzado	(Vd) esfuércese
1	nos esforzaríamos	nos habríamos esforzado	(nosotros) esforcémonos
2	os esforzaríais	os habríais esforzado	(vosotros) esforzaos
3	se esforzarían	se habrían esforzado	(Vds) esfuércense

SUBJONCTIF

	PRESENT	**IMPARFAIT**	**PLUS-QUE-PARFAIT**
1	me esfuerce	me esforz-ara/ase	me hubiera esforzado
2	te esfuerces	te esforz-aras/ases	te hubieras esforzado
3	se esfuerce	se esforz-ara/ase	se hubiera esforzado
1	nos esforcemos	nos esforz-áramos/ásemos	nos hubiéramos esforzado
2	os esforcéis	os esforz-arais/aseis	os hubierais esforzado
3	se esfuercen	se esforz-aran/asen	se hubieran esforzado

PAS. COMP. me haya esforzado *etc.*

INFINITIF	*PARTICIPE*
PRESENT	**PRESENT**
esforzarse	esforzándose
PASSE	**PASSE**
haberse esforzado	esforzado

ESPERAR 101
attendre, espérer

PRESENT	IMPARFAIT	FUTUR
1 espero	esperaba	esperaré
2 esperas	esperabas	esperarás
3 espera	esperaba	esperará
1 esperamos	esperábamos	esperaremos
2 esperáis	esperabais	esperaréis
3 esperan	esperaban	esperarán

PASSE SIMPLE	PASSE COMPOSE	PLUS-QUE-PARFAIT
1 esperé	he esperado	había esperado
2 esperaste	has esperado	habías esperado
3 esperó	ha esperado	había esperado
1 esperamos	hemos esperado	habíamos esperado
2 esperasteis	habéis esperado	habíais esperado
3 esperaron	han esperado	habían esperado

PASSE ANTERIEUR

hube esperado *etc*.

FUTUR ANTERIEUR

habré esperado *etc*.

CONDITIONNEL

PRESENT	PASSE	IMPERATIF
1 esperaría	habría esperado	
2 esperarías	habrías esperado	(tú) espera
3 esperaría	habría esperado	(Vd) espere
1 esperaríamos	habríamos esperado	(nosotros) esperemos
2 esperaríais	habríais esperado	(vosotros) esperad
3 esperarían	habrían esperado	(Vds) esperen

SUBJONCTIF

PRESENT	IMPARFAIT	PLUS-QUE-PARFAIT
1 espere	esper-ara/ase	hubiera esperado
2 esperes	esper-aras/ases	hubieras esperado
3 espere	esper-ara/ase	hubiera esperado
1 esperemos	esper-áramos/ásemos	hubiéramos esperado
2 esperéis	esper-arais/aseis	hubierais esperado
3 esperen	esper-aran/asen	hubieran esperado

PAS. COMP. haya esperado *etc*.

INFINITIF	PARTICIPE
PRESENT	**PRESENT**
esperar	esperando
PASSE	**PASSE**
haber esperado	esperado

102 ESTAR
être

	PRESENT	**IMPARFAIT**	**FUTUR**
1	estoy	estaba	estaré
2	estás	estabas	estarás
3	está	estaba	estará
1	estamos	estábamos	estaremos
2	estáis	estabais	estaréis
3	están	estaban	estarán

	PASSE SIMPLE	**PASSE COMPOSE**	**PLUS-QUE-PARFAIT**
1	estuve	he estado	había estado
2	estuviste	has estado	habías estado
3	estuvo	ha estado	había estado
1	estuvimos	hemos estado	habíamos estado
2	estuvisteis	habéis estado	habíais estado
3	estuvieron	han estado	habían estado

PASSE ANTERIEUR
hube estado *etc.*

FUTUR ANTERIEUR
habré estado *etc.*

CONDITIONNEL		*IMPERATIF*
PRESENT	**PASSE**	
1 estaría	habría estado	
2 estarías	habrías estado	(tú) está
3 estaría	habría estado	(Vd) esté
1 estaríamos	habríamos estado	(nosotros) estemos
2 estaríais	habríais estado	(vosotros) estad
3 estarían	habrían estado	(Vds) estén

SUBJONCTIF

	PRESENT	**IMPARFAIT**	**PLUS-QUE-PARFAIT**
1	esté	estuv-iera/iese	hubiera estado
2	estés	estuv-ieras/ieses	hubieras estado
3	esté	estuv-iera/iese	hubiera estado
1	estemos	estuv-iéramos/iésemos	hubiéramos estado
2	estéis	estuv-ierais/ieseis	hubierais estado
3	estén	estuv-ieran/iesen	hubieran estado

PAS. COMP. haya estado *etc.*

INFINITIF	*PARTICIPE*
PRESENT	**PRESENT**
estar	estando
PASSE	**PASSE**
haber estado	estado

EVACUAR
évacuer 103

PRESENT	IMPARFAIT	FUTUR
1 evacuo	evacuaba	evacuaré
2 evacuas	evacuabas	evacuarás
3 evacua	evacuaba	evacuará
1 evacuamos	evacuábamos	evacuaremos
2 evacuáis	evacuabais	evacuaréis
3 evacuan	evacuaban	evacuarán

PASSE SIMPLE	PASSE COMPOSE	PLUS-QUE-PARFAIT
1 evacué	he evacuado	había evacuado
2 evacuaste	has evacuado	habías evacuado
3 evacuó	ha evacuado	había evacuado
1 evacuamos	hemos evacuado	habíamos evacuado
2 evacuasteis	habéis evacuado	habíais evacuado
3 evacuaron	han evacuado	habían evacuado

PASSE ANTERIEUR
hube evacuado *etc.*

FUTUR ANTERIEUR
habré evacuado *etc.*

CONDITIONNEL

PRESENT	PASSE	*IMPERATIF*
1 evacuaría	habría evacuado	
2 evacuarías	habrías evacuado	(tú) evacua
3 evacuaría	habría evacuado	(Vd) evacue
1 evacuaríamos	habríamos evacuado	(nosotros) evacuemos
2 evacuaríais	habríais evacuado	(vosotros) evacuad
3 evacuarían	habrían evacuado	(Vds) evacuen

SUBJONCTIF

PRESENT	IMPARFAIT	PLUS-QUE-PARFAIT
1 evacue	evacu-ara/ase	hubiera evacuado
2 evacues	evacu-aras/ases	hubieras evacuado
3 evacue	evacu-ara/ase	hubiera evacuado
1 evacuemos	evacu-áramos/ásemos	hubiéramos evacuado
2 evacuéis	evacu-arais/aseis	hubierais evacuado
3 evacuen	evacu-aran/asen	hubieran evacuado

PAS. COMP. haya evacuado *etc.*

INFINITIF	*PARTICIPE*
PRESENT	**PRESENT**
evacuar	evacuando
PASSE	**PASSE**
haber evacuado	evacuado

104 EXIGIR
exiger

	PRESENT	IMPARFAIT	FUTUR
1	exijo	exigía	exigiré
2	exiges	exigías	exigirás
3	exige	exigía	exigirá
1	exigimos	exigíamos	exigiremos
2	exigís	exigíais	exigiréis
3	exigen	exigían	exigirán

	PASSE SIMPLE	PASSE COMPOSE	PLUS-QUE-PARFAIT
1	exigí	he exigido	había exigido
2	exigiste	has exigido	habías exigido
3	exigió	ha exigido	había exigido
1	exigimos	hemos exigido	habíamos exigido
2	exigisteis	habéis exigido	habíais exigido
3	exigieron	han exigido	habían exigido

PASSE ANTERIEUR
hube exigido *etc.*

FUTUR ANTERIEUR
habré exigido *etc.*

CONDITIONNEL

	PRESENT	PASSE	*IMPERATIF*
1	exigiría	habría exigido	
2	exigirías	habrías exigido	(tú) exige
3	exigiría	habría exigido	(Vd) exija
1	exigiríamos	habríamos exigido	(nosotros) exijamos
2	exigiríais	habríais exigido	(vosotros) exigid
3	exigirían	habrían exigido	(Vds) exijan

SUBJONCTIF

	PRESENT	IMPARFAIT	PLUS-QUE-PARFAIT
1	exija	exig-iera/iese	hubiera exigido
2	exijas	exig-ieras/ieses	hubieras exigido
3	exija	exig-iera/iese	hubiera exigido
1	exijamos	exig-iéramos/iésemos	hubiéramos exigido
2	exijáis	exig-ierais/ieseis	hubierais exigido
3	exijan	exig-ieran/iesen	hubieran exigido

PAS. COMP. haya exigido *etc.*

INFINITIF	*PARTICIPE*
PRESENT	**PRESENT**
exigir	exigiendo
PASSE	**PASSE**
haber exigido	exigido

EXPLICAR
expliquer

105

	PRESENT	IMPARFAIT	FUTUR
1	explico	explicaba	explicaré
2	explicas	explicabas	explicarás
3	explica	explicaba	explicará
1	explicamos	explicábamos	explicaremos
2	explicáis	explicabais	explicaréis
3	explican	explicaban	explicarán

	PASSE SIMPLE	PASSE COMPOSE	PLUS-QUE-PARFAIT
1	expliqué	he explicado	había explicado
2	explicaste	has explicado	habías explicado
3	explicó	ha explicado	había explicado
1	explicamos	hemos explicado	habíamos explicado
2	explicasteis	habéis explicado	habíais explicado
3	explicaron	han explicado	habían explicado

PASSE ANTERIEUR

hube explicado *etc*.

FUTUR ANTERIEUR

habré explicado *etc*.

CONDITIONNEL

	PRESENT	PASSE	*IMPERATIF*
1	explicaría	habría explicado	
2	explicarías	habrías explicado	(tú) explica
3	explicaría	habría explicado	(Vd) explique
1	explicaríamos	habríamos explicado	(nosotros) expliquemos
2	explicaríais	habríais explicado	(vosotros) explicad
3	explicarían	habrían explicado	(Vds) expliquen

SUBJONCTIF

	PRESENT	IMPARFAIT	PLUS-QUE-PARFAIT
1	explique	explic-ara/ase	hubiera explicado
2	expliques	explic-aras/ases	hubieras explicado
3	explique	explic-ara/ase	hubiera explicado
1	expliquemos	explic-áramos/ásemos	hubiéramos explicado
2	expliquéis	explic-arais/aseis	hubierais explicado
3	expliquen	explic-aran/asen	hubieran explicado

PAS. COMP. haya explicado *etc*.

INFINITIF	*PARTICIPE*
PRESENT	**PRESENT**
explicar	explicando
PASSE	**PASSE**
haber explicado	explicado

106 FREGAR
récurer, faire la vaisselle

	PRESENT	**IMPARFAIT**	**FUTUR**
1	friego	fregaba	fregaré
2	friegas	fregabas	fregarás
3	friega	fregaba	fregará
1	fregamos	fregábamos	fregaremos
2	fregáis	fregabais	fregaréis
3	friegan	fregaban	fregarán

	PASSE SIMPLE	**PASSE COMPOSE**	**PLUS-QUE-PARFAIT**
1	fregué	he fregado	había fregado
2	fregaste	has fregado	habías fregado
3	fregó	ha fregado	había fregado
1	fregamos	hemos fregado	habíamos fregado
2	fregasteis	habéis fregado	habíais fregado
3	fregaron	han fregado	habían fregado

PASSE ANTERIEUR
hube fregado *etc.*

FUTUR ANTERIEUR
habré fregado *etc.*

CONDITIONNEL

	PRESENT	**PASSE**	*IMPERATIF*
1	fregaría	habría fregado	
2	fregarías	habrías fregado	(tú) friega
3	fregaría	habría fregado	(Vd) friegue
1	fregaríamos	habríamos fregado	(nosotros) freguemos
2	fregaríais	habríais fregado	(vosotros) fregad
3	fregarían	habrían fregado	(Vds) frieguen

SUBJONCTIF

	PRESENT	**IMPARFAIT**	**PLUS-QUE-PARFAIT**
1	friegue	freg-ara/ase	hubiera fregado
2	friegues	freg-aras/ases	hubieras fregado
3	friegue	freg-ara/ase	hubiera fregado
1	freguemos	freg-áramos/ásemos	hubiéramos fregado
2	freguéis	freg-arais/aseis	hubierais fregado
3	frieguen	freg-aran/asen	hubieran fregado

PAS. COMP. haya fregado *etc.*

INFINITIF	*PARTICIPE*
PRESENT	**PRESENT**
fregar	fregando
PASSE	**PASSE**
haber fregado	fregado

FREÍR 107
faire frire

PRESENT	**IMPARFAIT**	**FUTUR**
1 frío	freía	freiré
2 fríes	freías	freirás
3 fríe	freía	freirá
1 freímos	freíamos	freiremos
2 freís	freíais	freiréis
3 fríen	freían	freirán

PASSE SIMPLE	**PASSE COMPOSE**	**PLUS-QUE-PARFAIT**
1 freí	he frito	había frito
2 freíste	has frito	habías frito
3 frió	ha frito	había frito
1 freímos	hemos frito	habíamos frito
2 freísteis	habéis frito	habíais frito
3 frieron	han frito	habían frito

PASSE ANTERIEUR

hube frito *etc*.

FUTUR ANTERIEUR

habré frito *etc*.

CONDITIONNEL
PRESENT	**PASSE**	*IMPERATIF*
1 freiría	habría frito	
2 freirías	habrías frito	(tú) fríe
3 freiría	habría frito	(Vd) fría
1 freiríamos	habríamos frito	(nosotros) friamos
2 freiríais	habríais frito	(vosotros) freíd
3 freirían	habrían frito	(Vds) frían

SUBJONCTIF
PRESENT	**IMPARFAIT**	**PLUS-QUE-PARFAIT**
1 fría	fr-iera/iese	hubiera frito
2 frías	fr-ieras/ieses	hubieras frito
3 fría	fr-iera/iese	hubiera frito
1 friamos	fr-iéramos/iésemos	hubiéramos frito
2 friáis	fr-ierais/ieseis	hubierais frito
3 frían	fr-ieran/iesen	hubieran frito

PAS. COMP. haya frito *etc*.

INFINITIF	*PARTICIPE*
PRESENT	**PRESENT**
freír	friendo
PASSE	**PASSE**
haber frito	frito

108 GEMIR
gémir, geindre

PRESENT	IMPARFAIT	FUTUR
1 gimo	gemía	gemiré
2 gimes	gemías	gemirás
3 gime	gemía	gemirá
1 gemimos	gemíamos	gemiremos
2 gemís	gemíais	gemiréis
3 gimen	gemían	gemirán

PASSE SIMPLE	PASSE COMPOSE	PLUS-QUE-PARFAIT
1 gemí	he gemido	había gemido
2 gemiste	has gemido	habías gemido
3 gimió	ha gemido	había gemido
1 gemimos	hemos gemido	habíamos gemido
2 gemisteis	habéis gemido	habíais gemido
3 gimieron	han gemido	habían gemido

PASSE ANTERIEUR

hube gemido *etc.*

FUTUR ANTERIEUR

habré gemido *etc.*

CONDITIONNEL

PRESENT	PASSE	IMPERATIF
1 gemiría	habría gemido	
2 gemirías	habrías gemido	(tú) gime
3 gemiría	habría gemido	(Vd) gima
1 gemiríamos	habríamos gemido	(nosotros) gimamos
2 gemiríais	habríais gemido	(vosotros) gemid
3 gemirían	habrían gemido	(Vds) giman

SUBJONCTIF

PRESENT	IMPARFAIT	PLUS-QUE-PARFAIT
1 gima	gim-iera/iese	hubiera gemido
2 gimas	gim-ieras/ieses	hubieras gemido
3 gima	gim-iera/iese	hubiera gemido
1 gimamos	gim-iéramos/iésemos	hubiéramos gemido
2 gimáis	gim-ierais/ieseis	hubierais gemido
3 giman	gim-ieran/iesen	hubieran gemido

PAS. COMP. haya gemido *etc.*

INFINITIF	PARTICIPE
PRESENT	PRESENT
gemir	gimiendo
PASSE	PASSE
haber gemido	gemido

GRUÑIR
grogner
109

	PRESENT	**IMPARFAIT**	**FUTUR**
1	gruño	gruñía	gruñiré
2	gruñes	gruñías	gruñirás
3	gruñe	gruñía	gruñirá
1	gruñimos	gruñíamos	gruñiremos
2	gruñís	gruñíais	gruñiréis
3	gruñen	gruñían	gruñirán

	PASSE SIMPLE	**PASSE COMPOSE**	**PLUS-QUE-PARFAIT**
1	gruñí	he gruñido	había gruñido
2	gruñiste	has gruñido	habías gruñido
3	gruñó	ha gruñido	había gruñido
1	gruñimos	hemos gruñido	habíamos gruñido
2	gruñisteis	habéis gruñido	habíais gruñido
3	gruñeron	han gruñido	habían gruñido

PASSE ANTERIEUR

hube gruñido *etc.*

FUTUR ANTERIEUR

habré gruñido *etc.*

CONDITIONNEL
PRESENT | PASSE

			IMPERATIF
1	gruñiría	habría gruñido	
2	gruñirías	habrías gruñido	(tú) gruñe
3	gruñiría	habría gruñido	(Vd) gruña
1	gruñiríamos	habríamos gruñido	(nosotros) gruñamos
2	gruñiríais	habríais gruñido	(vosotros) gruñid
3	gruñirían	habrían gruñido	(Vds) gruñan

SUBJONCTIF
PRESENT | IMPARFAIT | PLUS-QUE-PARFAIT

	PRESENT	**IMPARFAIT**	**PLUS-QUE-PARFAIT**
1	gruña	gruñ-era/ese	hubiera gruñido
2	gruñas	gruñ-eras/eses	hubieras gruñido
3	gruña	gruñ-era/ese	hubiera gruñido
1	gruñamos	gruñ-éramos/ésemos	hubiéramos gruñido
2	gruñáis	gruñ-erais/eseis	hubierais gruñido
3	gruñan	gruñ-eran/esen	hubieran gruñido

PAS. COMP. haya gruñido *etc.*

INFINITIF	*PARTICIPE*
PRESENT	**PRESENT**
gruñir	gruñendo
PASSE	**PASSE**
haber gruñido	gruñido

110 GUSTAR
aimer

	PRESENT	**IMPARFAIT**	**FUTUR**
1	gusto	gustaba	gustaré
2	gustas	gustabas	gustarás
3	gusta	gustaba	gustará
1	gustamos	gustábamos	gustaremos
2	gustáis	gustabais	gustaréis
3	gustan	gustaban	gustarán

	PASSE SIMPLE	**PASSE COMPOSE**	**PLUS-QUE-PARFAIT**
1	gusté	he gustado	había gustado
2	gustaste	has gustado	habías gustado
3	gustó	ha gustado	había gustado
1	gustamos	hemos gustado	habíamos gustado
2	gustasteis	habéis gustado	habíais gustado
3	gustaron	han gustado	habían gustado

PASSE ANTERIEUR
hube gustado *etc.*

FUTUR ANTERIEUR
habré gustado *etc.*

CONDITIONNEL

	PRESENT	**PASSE**	***IMPERATIF***
1	gustaría	habría gustado	
2	gustarías	habrías gustado	(tú) gusta
3	gustaría	habría gustado	(Vd) guste
1	gustaríamos	habríamos gustado	(nosotros) gustemos
2	gustaríais	habríais gustado	(vosotros) gustad
3	gustarían	habrían gustado	(Vds) gusten

SUBJONCTIF

	PRESENT	**IMPARFAIT**	**PLUS-QUE-PARFAIT**
1	guste	gust-ara/ase	hubiera gustado
2	gustes	gust-aras/ases	hubieras gustado
3	guste	gust-ara/ase	hubiera gustado
1	gustemos	gust-áramos/ásemos	hubiéramos gustado
2	gustéis	gust-arais/aseis	hubierais gustado
3	gusten	gust-aran/asen	hubieran gustado

PAS. COMP. haya gustado *etc.*

INFINITIF	*PARTICIPE*	**N.B.**
PRESENT	**PRESENT**	Utilisé en général à la troisième personne seulement ; j'aime : me gusta.
gustar	gustando	
PASSE	**PASSE**	
haber gustado	gustado	

HABER
avoir (auxiliaire)

	PRESENT	**IMPARFAIT**	**FUTUR**
1	he	había	habré
2	has	habías	habrás
3	ha/hay*	había	habrá
1	hemos	habíamos	habremos
2	habéis	habíais	habréis
3	han	habían	habrán

	PASSE SIMPLE	**PASSE COMPOSE**	**PLUS-QUE-PARFAIT**
1	hube		
2	hubiste		
3	hubo	ha habido	había habido
1	hubimos		
2	hubisteis		
3	hubieron		

PASSE ANTERIEUR
hubo habido *etc*.

FUTUR ANTERIEUR
habrá habido *etc*.

CONDITIONNEL
	PRESENT	**PASSE**
1	habría	
2	habrías	
3	habría	habría habido
1	habríamos	
2	habríais	
3	habrían	

IMPERATIF

SUBJONCTIF
	PRESENT	**IMPARFAIT**	**PLUS-QUE-PARFAIT**
1	haya	hub-iera/iese	
2	hayas	hub-ieras/ieses	
3	haya	hub-iera/iese	hubiera habido
1	hayamos	hub-iéramos/iésemos	
2	hayáis	hub-ierais/ieseis	
3	hayan	hub-ieran/iesen	

PAS. COMP. haya habido *etc*.

INFINITIF	*PARTICIPE*
PRESENT	**PRESENT**
haber	habiendo
PASSE	**PASSE**
haber habido	habido

N.B. Ce verbe est un auxiliaire utilisé pour former les temps composés ; par exemple, he bebido : j'ai bu. Voir aussi TENER.
*'hay' signifie 'il y a'.

112 HABLAR
parler

	PRESENT	IMPARFAIT	FUTUR
1	hablo	hablaba	hablaré
2	hablas	hablabas	hablarás
3	habla	hablaba	hablará
1	hablamos	hablábamos	hablaremos
2	habláis	hablabais	hablaréis
3	hablan	hablaban	hablarán

	PASSE SIMPLE	PASSE COMPOSE	PLUS-QUE-PARFAIT
1	hablé	he hablado	había hablado
2	hablaste	has hablado	habías hablado
3	habló	ha hablado	había hablado
1	hablamos	hemos hablado	habíamos hablado
2	hablasteis	habéis hablado	habíais hablado
3	hablaron	han hablado	habían hablado

PASSE ANTERIEUR

hube hablado *etc.*

FUTUR ANTERIEUR

habré hablado *etc.*

CONDITIONNEL

	PRESENT	PASSE	IMPERATIF
1	hablaría	habría hablado	
2	hablarías	habrías hablado	(tú) habla
3	hablaría	habría hablado	(Vd) hable
1	hablaríamos	habríamos hablado	(nosotros) hablemos
2	hablaríais	habríais hablado	(vosotros) hablad
3	hablarían	habrían hablado	(Vds) hablen

SUBJONCTIF

	PRESENT	IMPARFAIT	PLUS-QUE-PARFAIT
1	hable	habl-ara/ase	hubiera hablado
2	hables	habl-aras/ases	hubieras hablado
3	hable	habl-ara/ase	hubiera hablado
1	hablemos	habl-áramos/ásemos	hubiéramos hablado
2	habléis	habl-arais/aseis	hubierais hablado
3	hablen	habl-aran/asen	hubieran hablado

PAS. COMP. haya hablado *etc.*

INFINITIF	*PARTICIPE*
PRESENT	**PRESENT**
hablar	hablando
PASSE	**PASSE**
haber hablado	hablado

HACER 113
faire

PRESENT	**IMPARFAIT**	**FUTUR**
1 hago	hacía	haré
2 haces	hacías	harás
3 hace	hacía	hará
1 hacemos	hacíamos	haremos
2 hacéis	hacíais	haréis
3 hacen	hacían	harán

PASSE SIMPLE	**PASSE COMPOSE**	**PLUS-QUE-PARFAIT**
1 hice	he hecho	había hecho
2 hiciste	has hecho	habías hecho
3 hizo	ha hecho	había hecho
1 hicimos	hemos hecho	habíamos hecho
2 hicisteis	habéis hecho	habíais hecho
3 hicieron	han hecho	habían hecho

PASSE ANTERIEUR

hube hecho *etc*.

FUTUR ANTERIEUR

habré hecho *etc*.

CONDITIONNEL
PRESENT

1 haría
2 harías
3 haría
1 haríamos
2 haríais
3 harían

PASSE

habría hecho
habrías hecho
habría hecho
habríamos hecho
habríais hecho
habrían hecho

IMPERATIF

(tú) haz
(Vd) haga
(nosotros) hagamos
(vosotros) haced
(Vds) hagan

SUBJONCTIF
PRESENT	**IMPARFAIT**	**PLUS-QUE-PARFAIT**
1 haga	hic-iera/iese	hubiera hecho
2 hagas	hic-ieras/ieses	hubieras hecho
3 haga	hic-iera/iese	hubiera hecho
1 hagamos	hic-iéramos/iésemos	hubiéramos hecho
2 hagáis	hic-ierais/ieseis	hubierais hecho
3 hagan	hic-ieran/iesen	hubieran hecho

PAS. COMP. haya hecho *etc*.

INFINITIF
PRESENT

hacer

PASSE

haber hecho

PARTICIPE
PRESENT

haciendo

PASSE

hecho

114 HALLARSE
être, se trouver

PRESENT	**IMPARFAIT**	**FUTUR**
1 me hallo	me hallaba	me hallaré
2 te hallas	te hallabas	te hallarás
3 se halla	se hallaba	se hallará
1 nos hallamos	nos hallábamos	nos hallaremos
2 os halláis	os hallabais	os hallaréis
3 se hallan	se hallaban	se hallarán

PASSE SIMPLE	**PASSE COMPOSE**	**PLUS-QUE-PARFAIT**
1 me hallé	me he hallado	me había hallado
2 te hallaste	te has hallado	te habías hallado
3 se halló	se ha hallado	se había hallado
1 nos hallamos	nos hemos hallado	nos habíamos hallado
2 os hallasteis	os habéis hallado	os habíais hallado
3 se hallaron	se han hallado	se habían hallado

PASSE ANTERIEUR

me hube hallado *etc.*

FUTUR ANTERIEUR

me habré hallado *etc.*

CONDITIONNEL

PRESENT	**PASSE**	*IMPERATIF*
1 me hallaría	me habría hallado	
2 te hallarías	te habrías hallado	(tú) hállate
3 se hallaría	se habría hallado	(Vd) hállese
1 nos hallaríamos	nos habríamos hallado	(nosotros) hallémonos
2 os hallaríais	os habríais hallado	(vosotros) hallaos
3 se hallarían	se habrían hallado	(Vds) hállense

SUBJONCTIF

PRESENT	**IMPARFAIT**	**PLUS-QUE-PARFAIT**
1 me halle	me hall-ara/ase	me hubiera hallado
2 te halles	te hall-aras/ases	te hubieras hallado
3 se halle	se hall-ara/ase	se hubiera hallado
1 nos hallemos	nos hall-áramos/ásemos	nos hubiéramos hallado
2 os halléis	os hall-arais/aseis	os hubierais hallado
3 se hallen	se hall-aran/asen	se hubieran hallado

PAS. COMP. me haya hallado *etc.*

INFINITIF	*PARTICIPE*
PRESENT	**PRESENT**
hallarse	hallándose
PASSE	**PASSE**
haberse hallado	hallado

HELAR 115
geler

PRESENT	IMPARFAIT	FUTUR
3 hiela	helaba	helará

PASSE SIMPLE	PASSE COMPOSE	PLUS-QUE-PARFAIT
3 heló	ha helado	había helado

PASSE ANTERIEUR		FUTUR ANTERIEUR
hubo helado		habrá helado

CONDITIONNEL
PRESENT	PASSE	*IMPERATIF*
3 helaría	habría helado	

SUBJONCTIF
PRESENT	IMPARFAIT	PLUS-QUE-PARFAIT
3 hiele	hel-ara/ase	hubiera helado

PAS. COMP. haya helado

INFINITIF	*PARTICIPE*
PRESENT	**PRESENT**
helar	helando
PASSE	**PASSE**
haber helado	helado

116 HERIR
blesser

	PRESENT	**IMPARFAIT**	**FUTUR**
1	hiero	hería	heriré
2	hieres	herías	herirás
3	hiere	hería	herirá
1	herimos	heríamos	heriremos
2	herís	heríais	heriréis
3	hieren	herían	herirán

	PASSE SIMPLE	**PASSE COMPOSE**	**PLUS-QUE-PARFAIT**
1	herí	he herido	había herido
2	heriste	has herido	habías herido
3	hirió	ha herido	había herido
1	herimos	hemos herido	habíamos herido
2	heristeis	habéis herido	habíais herido
3	hirieron	han herido	habían herido

PASSE ANTERIEUR

hube herido *etc.*

FUTUR ANTERIEUR

habré herido *etc.*

CONDITIONNEL

	PRESENT	**PASSE**	*IMPERATIF*
1	heriría	habría herido	
2	herirías	habrías herido	(tú) hiere
3	heriría	habría herido	(Vd) hiera
1	heriríamos	habríamos herido	(nosotros) hiramos
2	heriríais	habríais herido	(vosotros) herid
3	herirían	habrían herido	(Vds) hieran

SUBJONCTIF

	PRESENT	**IMPARFAIT**	**PLUS-QUE-PARFAIT**
1	hiera	hir-iera/iese	hubiera herido
2	hieras	hir-ieras/ieses	hubieras herido
3	hiera	hir-iera/iese	hubiera herido
1	hiramos	hir-iéramos/iésemos	hubiéramos herido
2	hiráis	hir-ierais/ieseis	hubierais herido
3	hieran	hir-ieran/iesen	hubieran herido

PAS. COMP. haya herido *etc.*

INFINITIF	*PARTICIPE*
PRESENT	**PRESENT**
herir	hiriendo
PASSE	**PASSE**
haber herido	herido

HUIR
fuir 117

PRESENT	**IMPARFAIT**	**FUTUR**
1 huyo	huía	huiré
2 huyes	huías	huirás
3 huye	huía	huirá
1 huimos	huíamos	huiremos
2 huis	huíais	huiréis
3 huyen	huían	huirán

PASSE SIMPLE	**PASSE COMPOSE**	**PLUS-QUE-PARFAIT**
1 huí	he huido	había huido
2 huiste	has huido	habías huido
3 huyó	ha huido	había huido
1 huimos	hemos huido	habíamos huido
2 huisteis	habéis huido	habíais huido
3 huyeron	han huido	habían huido

PASSE ANTERIEUR

hube huido *etc.*

FUTUR ANTERIEUR

habré huido *etc.*

CONDITIONNEL

PRESENT	**PASSE**	*IMPERATIF*
1 huiría	habría huido	
2 huirías	habrías huido	(tú) huye
3 huiría	habría huido	(Vd) huya
1 huiríamos	habríamos huido	(nosotros) huyamos
2 huiríais	habríais huido	(vosotros) huid
3 huirían	habrían huido	(Vds) huyan

SUBJONCTIF

PRESENT	**IMPARFAIT**	**PLUS-QUE-PARFAIT**
1 huya	hu-yera/yese	hubiera huido
2 huyas	hu-yeras/yeses	hubieras huido
3 huya	hu-yera/yese	hubiera huido
1 huyamos	hu-yéramos/yésemos	hubiéramos huido
2 huyáis	hu-yerais/yeseis	hubierais huido
3 huyan	hu-yeran/yesen	hubieran huido

PAS. COMP. haya huido *etc.*

INFINITIF	*PARTICIPE*
PRESENT	**PRESENT**
huir	huyendo
PASSE	**PASSE**
haber huido	huido

118 INDICAR
indiquer

	PRESENT	**IMPARFAIT**	**FUTUR**
1	indico	indicaba	indicaré
2	indicas	indicabas	indicarás
3	indica	indicaba	indicará
1	indicamos	indicábamos	indicaremos
2	indicáis	indicabais	indicaréis
3	indican	indicaban	indicarán

	PASSE SIMPLE	**PASSE COMPOSE**	**PLUS-QUE-PARFAIT**
1	indiqué	he indicado	había indicado
2	indicaste	has indicado	habías indicado
3	indicó	ha indicado	había indicado
1	indicamos	hemos indicado	habíamos indicado
2	indicasteis	habéis indicado	habíais indicado
3	indicaron	han indicado	habían indicado

PASSE ANTERIEUR

hube indicado *etc*.

FUTUR ANTERIEUR

habré indicado *etc*.

CONDITIONNEL

	PRESENT	**PASSE**	*IMPERATIF*
1	indicaría	habría indicado	
2	indicarías	habrías indicado	(tú) indica
3	indicaría	habría indicado	(Vd) indique
1	indicaríamos	habríamos indicado	(nosotros) indiquemos
2	indicaríais	habríais indicado	(vosotros) indicad
3	indicarían	habrían indicado	(Vds) indiquen

SUBJONCTIF

	PRESENT	**IMPARFAIT**	**PLUS-QUE-PARFAIT**
1	indique	indic-ara/ase	hubiera indicado
2	indiques	indic-aras/ases	hubieras indicado
3	indique	indic-ara/ase	hubiera indicado
1	indiquemos	indic-áramos/ásemos	hubiéramos indicado
2	indiquéis	indic-arais/aseis	hubierais indicado
3	indiquen	indic-aran/asen	hubieran indicado

PAS. COMP. haya indicado *etc*.

INFINITIF	*PARTICIPE*
PRESENT	**PRESENT**
indicar	indicando
PASSE	**PASSE**
haber indicado	indicado

INTENTAR
essayer 119

	PRESENT	IMPARFAIT	FUTUR
1	intento	intentaba	intentaré
2	intentas	intentabas	intentarás
3	intenta	intentaba	intentará
1	intentamos	intentábamos	intentaremos
2	intentáis	intentabais	intentaréis
3	intentan	intentaban	intentarán

	PASSE SIMPLE	PASSE COMPOSE	PLUS-QUE-PARFAIT
1	intenté	he intentado	había intentado
2	intentaste	has intentado	habías intentado
3	intentó	ha intentado	había intentado
1	intentamos	hemos intentado	habíamos intentado
2	intentasteis	habéis intentado	habíais intentado
3	intentaron	han intentado	habían intentado

PASSE ANTERIEUR
hube intentado *etc.*

FUTUR ANTERIEUR
habré intentado *etc.*

CONDITIONNEL

	PRESENT	PASSE	*IMPERATIF*
1	intentaría	habría intentado	
2	intentarías	habrías intentado	(tú) intenta
3	intentaría	habría intentado	(Vd) intente
1	intentaríamos	habríamos intentado	(nosotros) intentemos
2	intentaríais	habríais intentado	(vosotros) intentad
3	intentarían	habrían intentado	(Vds) intenten

SUBJONCTIF

	PRESENT	IMPARFAIT	PLUS-QUE-PARFAIT
1	intente	intent-ara/ase	hubiera intentado
2	intentes	intent-aras/ases	hubieras intentado
3	intente	intent-ara/ase	hubiera intentado
1	intentemos	intent-áramos/ásemos	hubiéramos intentado
2	intentéis	intent-arais/aseis	hubierais intentado
3	intenten	intent-aran/asen	hubieran intentado

PAS. COMP. haya intentado *etc.*

INFINITIF	*PARTICIPE*
PRESENT	**PRESENT**
intentar	intentando
PASSE	**PASSE**
haber intentado	intentado

120 INTRODUCIR
introduire

	PRESENT	IMPARFAIT	FUTUR
1	introduzco	introducía	introduciré
2	introduces	introducías	introducirás
3	introduce	introducía	introducirá
1	introducimos	introducíamos	introduciremos
2	introducís	introducíais	introduciréis
3	introducen	introducían	introducirán

	PASSE SIMPLE	PASSE COMPOSE	PLUS-QUE-PARFAIT
1	introduje	he introducido	había introducido
2	introdujiste	has introducido	habías introducido
3	introdujo	ha introducido	había introducido
1	introdujimos	hemos introducido	habíamos introducido
2	introdujisteis	habéis introducido	habíais introducido
3	introdujeron	han introducido	habían introducido

PASSE ANTERIEUR
hube introducido *etc.*

FUTUR ANTERIEUR
habré introducido *etc.*

CONDITIONNEL
	PRESENT	PASSE	*IMPERATIF*
1	introduciría	habría introducido	
2	introducirías	habrías introducido	(tú) introduce
3	introduciría	habría introducido	(Vd) introduzca
1	introduciríamos	habríamos introducido	(nosotros) introduzcamos
2	introduciríais	habríais introducido	(vosotros) introducid
3	introducirían	habrían introducido	(Vds) introduzcan

SUBJONCTIF
	PRESENT	IMPARFAIT	PLUS-QUE-PARFAIT
1	introduzca	introduj-era/ese	hubiera introducido
2	introduzcas	introduj-eras/eses	hubieras introducido
3	introduzca	introduj-era/ese	hubiera introducido
1	introduzcamos	introduj-éramos/ésemos	hubiéramos introducido
2	introduzcáis	introduj-erais/eseis	hubierais introducido
3	introduzcan	introduj-eran/esen	hubieran introducido

PAS. COMP. haya introducido *etc.*

INFINITIF	*PARTICIPE*
PRESENT	**PRESENT**
introducir	introduciendo
PASSE	**PASSE**
haber introducido	introducido

IR
aller 121

	PRESENT	IMPARFAIT	FUTUR
1	voy	iba	iré
2	vas	ibas	irás
3	va	iba	irá
1	vamos	íbamos	iremos
2	vais	ibais	iréis
3	van	iban	irán

	PASSE SIMPLE	PASSE COMPOSE	PLUS-QUE-PARFAIT
1	fui	he ido	había ido
2	fuiste	has ido	habías ido
3	fue	ha ido	había ido
1	fuimos	hemos ido	habíamos ido
2	fuisteis	habéis ido	habíais ido
3	fueron	han ido	habían ido

PASSE ANTERIEUR

hube ido *etc.*

FUTUR ANTERIEUR

habré ido *etc.*

CONDITIONNEL

	PRESENT	PASSE	*IMPERATIF*
1	iría	habría ido	
2	irías	habrías ido	(tú) ve
3	iría	habría ido	(Vd) vaya
1	iríamos	habríamos ido	(nosotros) vamos
2	iríais	habríais ido	(vosotros) id
3	irían	habrían ido	(Vds) vayan

SUBJONCTIF

	PRESENT	IMPARFAIT	PLUS-QUE-PARFAIT
1	vaya	fu-era/ese	hubiera ido
2	vayas	fu-eras/eses	hubieras ido
3	vaya	fu-era/ese	hubiera ido
1	vayamos	fu-éramos/ésemos	hubiéramos ido
2	vayáis	fu-erais/eseis	hubierais ido
3	vayan	fu-eran/esen	hubieran ido

PAS. COMP. haya ido *etc.*

INFINITIF	*PARTICIPE*
PRESENT	**PRESENT**
ir	yendo
PASSE	**PASSE**
haber ido	ido

122 JUGAR
jouer

PRESENT	IMPARFAIT	FUTUR
1 juego	jugaba	jugaré
2 juegas	jugabas	jugarás
3 juega	jugaba	jugará
1 jugamos	jugábamos	jugaremos
2 jugáis	jugabais	jugaréis
3 juegan	jugaban	jugarán

PASSE SIMPLE	PASSE COMPOSE	PLUS-QUE-PARFAIT
1 jugué	he jugado	había jugado
2 jugaste	has jugado	habías jugado
3 jugó	ha jugado	había jugado
1 jugamos	hemos jugado	habíamos jugado
2 jugasteis	habéis jugado	habíais jugado
3 jugaron	han jugado	habían jugado

PASSE ANTERIEUR
hube jugado *etc.*

FUTUR ANTERIEUR
habré jugado *etc.*

CONDITIONNEL

PRESENT	PASSE	*IMPERATIF*
1 jugaría	habría jugado	
2 jugarías	habrías jugado	(tú) juega
3 jugaría	habría jugado	(Vd) juegue
1 jugaríamos	habríamos jugado	(nosotros) juguemos
2 jugaríais	habríais jugado	(vosotros) jugad
3 jugarían	habrían jugado	(Vds) jueguen

SUBJONCTIF

PRESENT	IMPARFAIT	PLUS-QUE-PARFAIT
1 juegue	jug-ara/ase	hubiera jugado
2 juegues	jug-aras/ases	hubieras jugado
3 juegue	jug-ara/ase	hubiera jugado
1 juguemos	jug-áramos/ásemos	hubiéramos jugado
2 juguéis	jug-arais/aseis	hubierais jugado
3 jueguen	jug-aran/asen	hubieran jugado

PAS. COMP. haya jugado *etc.*

INFINITIF

PRESENT	*PARTICIPE* PRESENT
jugar	jugando
PASSE	**PASSE**
haber jugado	jugado

JUZGAR
juger
123

	PRESENT	IMPARFAIT	FUTUR
1	juzgo	juzgaba	juzgaré
2	juzgas	juzgabas	juzgarás
3	juzga	juzgaba	juzgará
1	juzgamos	juzgábamos	juzgaremos
2	juzgáis	juzgabais	juzgaréis
3	juzgan	juzgaban	juzgarán

	PASSE SIMPLE	PASSE COMPOSE	PLUS-QUE-PARFAIT
1	juzgué	he juzgado	había juzgado
2	juzgaste	has juzgado	habías juzgado
3	juzgó	ha juzgado	había juzgado
1	juzgamos	hemos juzgado	habíamos juzgado
2	juzgasteis	habéis juzgado	habíais juzgado
3	juzgaron	han juzgado	habían juzgado

PASSE ANTERIEUR

hube juzgado *etc.*

FUTUR ANTERIEUR

habré juzgado *etc.*

CONDITIONNEL

	PRESENT	PASSE	*IMPERATIF*
1	juzgaría	habría juzgado	
2	juzgarías	habrías juzgado	(tú) juzga
3	juzgaría	habría juzgado	(Vd) juzgue
1	juzgaríamos	habríamos juzgado	(nosotros) juzguemos
2	juzgaríais	habríais juzgado	(vosotros) juzgad
3	juzgarían	habrían juzgado	(Vds) juzguen

SUBJONCTIF

	PRESENT	IMPARFAIT	PLUS-QUE-PARFAIT
1	juzgue	juzg-ara/ase	hubiera juzgado
2	juzgues	juzg-aras/ases	hubieras juzgado
3	juzgue	juzg-ara/ase	hubiera juzgado
1	juzguemos	juzg-áramos/ásemos	hubiéramos juzgado
2	juzguéis	juzg-arais/aseis	hubierais juzgado
3	juzguen	juzg-aran/asen	hubieran juzgado

PAS. COMP. haya juzgado *etc.*

INFINITIF

PRESENT

juzgar

PASSE

haber juzgado

PARTICIPE

PRESENT

juzgando

PASSE

juzgado

124 LAVAR
laver

	PRESENT	**IMPARFAIT**	**FUTUR**
1	lavo	lavaba	lavaré
2	lavas	lavabas	lavarás
3	lava	lavaba	lavará
1	lavamos	lavábamos	lavaremos
2	laváis	lavabais	lavaréis
3	lavan	lavaban	lavarán

	PASSE SIMPLE	**PASSE COMPOSE**	**PLUS-QUE-PARFAIT**
1	lavé	he lavado	había lavado
2	lavaste	has lavado	habías lavado
3	lavó	ha lavado	había lavado
1	lavamos	hemos lavado	habíamos lavado
2	lavasteis	habéis lavado	habíais lavado
3	lavaron	han lavado	habían lavado

PASSE ANTERIEUR

hube lavado *etc.*

FUTUR ANTERIEUR

habré lavado *etc.*

CONDITIONNEL

	PRESENT	**PASSE**	**IMPERATIF**
1	lavaría	habría lavado	
2	lavarías	habrías lavado	(tú) lava
3	lavaría	habría lavado	(Vd) lave
1	lavaríamos	habríamos lavado	(nosotros) lavemos
2	lavaríais	habríais lavado	(vosotros) lavad
3	lavarían	habrían lavado	(Vds) laven

SUBJONCTIF

	PRESENT	**IMPARFAIT**	**PLUS-QUE-PARFAIT**
1	lave	lav-ara/ase	hubiera lavado
2	laves	lav-aras/ases	hubieras lavado
3	lave	lav-ara/ase	hubiera lavado
1	lavemos	lav-áramos/ásemos	hubiéramos lavado
2	lavéis	lav-arais/aseis	hubierais lavado
3	laven	lav-aran/asen	hubieran lavado

PAS. COMP. haya lavado *etc.*

INFINITIF	*PARTICIPE*
PRESENT	**PRESENT**
lavar	lavando
PASSE	**PASSE**
haber lavado	lavado

LEER
lire — 125

	PRESENT	**IMPARFAIT**	**FUTUR**
1	leo	leía	leeré
2	lees	leías	leerás
3	lee	leía	leerá
1	leemos	leíamos	leeremos
2	leéis	leíais	leeréis
3	leen	leían	leerán

	PASSE SIMPLE	**PASSE COMPOSE**	**PLUS-QUE-PARFAIT**
1	leí	he leído	había leído
2	leíste	has leído	habías leído
3	leyó	ha leído	había leído
1	leímos	hemos leído	habíamos leído
2	leísteis	habéis leído	habíais leído
3	leyeron	han leído	habían leído

PASSE ANTERIEUR
hube leído *etc.*

FUTUR ANTERIEUR
habré leído *etc.*

CONDITIONNEL

	PRESENT	**PASSE**	*IMPERATIF*
1	leería	habría leído	
2	leerías	habrías leído	(tú) lee
3	leería	habría leído	(Vd) lea
1	leeríamos	habríamos leído	(nosotros) leamos
2	leeríais	habríais leído	(vosotros) leed
3	leerían	habrían leído	(Vds) lean

SUBJONCTIF

	PRESENT	**IMPARFAIT**	**PLUS-QUE-PARFAIT**
1	lea	le-yera/yese	hubiera leído
2	leas	le-yeras/yeses	hubieras leído
3	lea	le-yera/yese	hubiera leído
1	leamos	le-yéramos/yésemos	hubiéramos leído
2	leáis	le-yerais/yeseis	hubierais leído
3	lean	le-yeran/yesen	hubieran leído

PAS. COMP. haya leído *etc.*

INFINITIF	*PARTICIPE*
PRESENT	**PRESENT**
leer	leyendo
PASSE	**PASSE**
haber leído	leído

126 LUCIR
briller

	PRESENT	**IMPARFAIT**	**FUTUR**
1	luzco	lucía	luciré
2	luces	lucías	lucirás
3	luce	lucía	lucirá
1	lucimos	lucíamos	luciremos
2	lucís	lucíais	luciréis
3	lucen	lucían	lucirán

	PASSE SIMPLE	**PASSE COMPOSE**	**PLUS-QUE-PARFAIT**
1	lucí	he lucido	había lucido
2	luciste	has lucido	habías lucido
3	lució	ha lucido	había lucido
1	lucimos	hemos lucido	habíamos lucido
2	lucisteis	habéis lucido	habíais lucido
3	lucieron	han lucido	habían lucido

PASSE ANTERIEUR
hube lucido *etc.*

FUTUR ANTERIEUR
habré lucido *etc.*

CONDITIONNEL

	PRESENT	**PASSE**	*IMPERATIF*
1	luciría	habría lucido	
2	lucirías	habrías lucido	(tú) luce
3	luciría	habría lucido	(Vd) luzca
1	luciríamos	habríamos lucido	(nosotros) luzcamos
2	luciríais	habríais lucido	(vosotros) lucid
3	lucirían	habrían lucido	(Vds) luzcan

SUBJONCTIF

	PRESENT	**IMPARFAIT**	**PLUS-QUE-PARFAIT**
1	luzca	luc-iera/iese	hubiera lucido
2	luzcas	luc-ieras/ieses	hubieras lucido
3	luzca	luc-iera/iese	hubiera lucido
1	luzcamos	luc-iéramos/iésemos	hubiéramos lucido
2	luzcáis	luc-ierais/ieseis	hubierais lucido
3	luzcan	luc-ieran/iesen	hubieran lucido

PAS. COMP. haya lucido *etc.*

INFINITIF	*PARTICIPE*
PRESENT	**PRESENT**
lucir	luciendo
PASSE	**PASSE**
haber lucido	lucido

LLAMAR
appeler **127**

PRESENT	**IMPARFAIT**	**FUTUR**
1 llamo	llamaba	llamaré
2 llamas	llamabas	llamarás
3 llama	llamaba	llamará
1 llamamos	llamábamos	llamaremos
2 llamáis	llamabais	llamaréis
3 llaman	llamaban	llamarán

PASSE SIMPLE	**PASSE COMPOSE**	**PLUS-QUE-PARFAIT**
1 llamé	he llamado	había llamado
2 llamaste	has llamado	habías llamado
3 llamó	ha llamado	había llamado
1 llamamos	hemos llamado	habíamos llamado
2 llamasteis	habéis llamado	habíais llamado
3 llamaron	han llamado	habían llamado

PASSE ANTERIEUR

hube llamado *etc.*

FUTUR ANTERIEUR

habré llamado *etc.*

CONDITIONNEL

PRESENT	**PASSE**	*IMPERATIF*
1 llamaría	habría llamado	
2 llamarías	habrías llamado	(tú) llama
3 llamaría	habría llamado	(Vd) llame
1 llamaríamos	habríamos llamado	(nosotros) llamemos
2 llamaríais	habríais llamado	(vosotros) llamad
3 llamarían	habrían llamado	(Vds) llamen

SUBJONCTIF

PRESENT	**IMPARFAIT**	**PLUS-QUE-PARFAIT**
1 llame	llam-ara/ase	hubiera llamado
2 llames	llam-aras/ases	hubieras llamado
3 llame	llam-ara/ase	hubiera llamado
1 llamemos	llam-áramos/ásemos	hubiéramos llamado
2 llaméis	llam-arais/aseis	hubierais llamado
3 llamen	llam-aran/asen	hubieran llamado

PAS. COMP. haya llamado *etc.*

INFINITIF	*PARTICIPE*
PRESENT	**PRESENT**
llamar	llamando
PASSE	**PASSE**
haber llamado	llamado

128 LLEGAR
arriver

PRESENT	**IMPARFAIT**	**FUTUR**
1 llego	llegaba	llegaré
2 llegas	llegabas	llegarás
3 llega	llegaba	llegará
1 llegamos	llegábamos	llegaremos
2 llegáis	llegabais	llegaréis
3 llegan	llegaban	llegarán

PASSE SIMPLE	**PASSE COMPOSE**	**PLUS-QUE-PARFAIT**
1 llegué	he llegado	había llegado
2 llegaste	has llegado	habías llegado
3 llegó	ha llegado	había llegado
1 llegamos	hemos llegado	habíamos llegado
2 llegasteis	habéis llegado	habíais llegado
3 llegaron	han llegado	habían llegado

PASSE ANTERIEUR

hube llegado *etc.*

FUTUR ANTERIEUR

habré llegado *etc.*

CONDITIONNEL

PRESENT	**PASSE**	*IMPERATIF*
1 llegaría	habría llegado	
2 llegarías	habrías llegado	(tú) llega
3 llegaría	habría llegado	(Vd) llegue
1 llegaríamos	habríamos llegado	(nosotros) lleguemos
2 llegaríais	habríais llegado	(vosotros) llegad
3 llegarían	habrían llegado	(Vds) lleguen

SUBJONCTIF

PRESENT	**IMPARFAIT**	**PLUS-QUE-PARFAIT**
1 llegue	lleg-ara/ase	hubiera llegado
2 llegues	lleg-aras/ases	hubieras llegado
3 llegue	lleg-ara/ase	hubiera llegado
1 lleguemos	lleg-áramos/ásemos	hubiéramos llegado
2 lleguéis	lleg-arais/aseis	hubierais llegado
3 lleguen	lleg-aran/asen	hubieran llegado

PAS. COMP. haya llegado *etc.*

INFINITIF	*PARTICIPE*
PRESENT	**PRESENT**
llegar	llegando
PASSE	**PASSE**
haber llegado	llegado

LLOVER 129
pleuvoir

PRESENT	IMPARFAIT	FUTUR
3 llueve	llovía	lloverá

PASSE SIMPLE	PASSE COMPOSE	PLUS-QUE-PARFAIT
3 llovió	ha llovido	había llovido

PASSE ANTERIEUR **FUTUR ANTERIEUR**
hubo llovido   habrá llovido

CONDITIONNEL PRESENT	PASSE	*IMPERATIF*
3 llovería	habría llovido	

SUBJONCTIF PRESENT	IMPARFAIT	PLUS-QUE-PARFAIT
3 llueva	llov-iera/iese	hubiera llovido

PAS. COMP. haya llovido

INFINITIF	*PARTICIPE*
PRESENT	PRESENT
llover	lloviendo
PASSE	PASSE
haber llovido	llovido

130 MENTIR
mentir

	PRESENT	**IMPARFAIT**	**FUTUR**
1	miento	mentía	mentiré
2	mientes	mentías	mentirás
3	miente	mentía	mentirá
1	mentimos	mentíamos	mentiremos
2	mentís	mentíais	mentiréis
3	mienten	mentían	mentirán

	PASSE SIMPLE	**PASSE COMPOSE**	**PLUS-QUE-PARFAIT**
1	mentí	he mentido	había mentido
2	mentiste	has mentido	habías mentido
3	mintió	ha mentido	había mentido
1	mentimos	hemos mentido	habíamos mentido
2	mentisteis	habéis mentido	habíais mentido
3	mintieron	han mentido	habían mentido

PASSE ANTERIEUR

hube mentido *etc.*

FUTUR ANTERIEUR

habré mentido *etc.*

CONDITIONNEL

	PRESENT	**PASSE**	*IMPERATIF*
1	mentiría	habría mentido	
2	mentirías	habrías mentido	(tú) miente
3	mentiría	habría mentido	(Vd) mienta
1	mentiríamos	habríamos mentido	(nosotros) mintamos
2	mentiríais	habríais mentido	(vosotros) mentid
3	mentirían	habrían mentido	(Vds) mientan

SUBJONCTIF

	PRESENT	**IMPARFAIT**	**PLUS-QUE-PARFAIT**
1	mienta	mint-iera/iese	hubiera mentido
2	mientas	mint-ieras/ieses	hubieras mentido
3	mienta	mint-iera/iese	hubiera mentido
1	mintamos	mint-iéramos/iésemos	hubiéramos mentido
2	mintáis	mint-ierais/ieseis	hubierais mentido
3	mientan	mint-ieran/iesen	hubieran mentido

PAS. COMP. haya mentido *etc.*

INFINITIF	*PARTICIPE*
PRESENT	**PRESENT**
mentir	mintiendo
PASSE	**PASSE**
haber mentido	mentido

MERECER
mériter **131**

PRESENT	IMPARFAIT	FUTUR
1 merezco	merecía	mereceré
2 mereces	merecías	merecerás
3 merece	merecía	merecerá
1 merecemos	merecíamos	mereceremos
2 merecéis	merecíais	mereceréis
3 merecen	merecían	merecerán

PASSE SIMPLE	PASSE COMPOSE	PLUS-QUE-PARFAIT
1 merecí	he merecido	había merecido
2 mereciste	has merecido	habías merecido
3 mereció	ha merecido	había merecido
1 merecimos	hemos merecido	habíamos merecido
2 merecisteis	habéis merecido	habíais merecido
3 merecieron	han merecido	habían merecido

PASSE ANTERIEUR

hube merecido *etc.*

FUTUR ANTERIEUR

habré merecido *etc.*

CONDITIONNEL

PRESENT	PASSE	*IMPERATIF*
1 merecería	habría merecido	
2 merecerías	habrías merecido	(tú) merece
3 merecería	habría merecido	(Vd) merezca
1 mereceríamos	habríamos merecido	(nosotros) merezcamos
2 mereceríais	habríais merecido	(vosotros) mereced
3 merecerían	habrían merecido	(Vds) merezcan

SUBJONCTIF

PRESENT	IMPARFAIT	PLUS-QUE-PARFAIT
1 merezca	merec-iera/iese	hubiera merecido
2 merezcas	merec-ieras/ieses	hubieras merecido
3 merezca	merec-iera/iese	hubiera merecido
1 merezcamos	merec-iéramos/iésemos	hubiéramos merecido
2 merezcáis	merec-ierais/ieseis	hubierais merecido
3 merezcan	merec-ieran/iesen	hubieran merecido

PAS. COMP. haya merecido *etc.*

INFINITIF	*PARTICIPE*
PRESENT	**PRESENT**
merecer	mereciendo
PASSE	**PASSE**
haber merecido	merecido

132 MORDER
mordre

PRESENT	**IMPARFAIT**	**FUTUR**
1 muerdo	mordía	morderé
2 muerdes	mordías	morderás
3 muerde	mordía	morderá
1 mordemos	mordíamos	morderemos
2 mordéis	mordíais	morderéis
3 muerden	mordían	morderán

PASSE SIMPLE	**PASSE COMPOSE**	**PLUS-QUE-PARFAIT**
1 mordí	he mordido	había mordido
2 mordiste	has mordido	habías mordido
3 mordió	ha mordido	había mordido
1 mordimos	hemos mordido	habíamos mordido
2 mordisteis	habéis mordido	habíais mordido
3 mordieron	han mordido	habían mordido

PASSE ANTERIEUR

hube mordido *etc.*

FUTUR ANTERIEUR

habré mordido *etc.*

CONDITIONNEL

PRESENT	**PASSE**	*IMPERATIF*
1 mordería	habría mordido	
2 morderías	habrías mordido	(tú) muerde
3 mordería	habría mordido	(Vd) muerda
1 morderíamos	habríamos mordido	(nosotros) mordamos
2 morderíais	habríais mordido	(vosotros) morded
3 morderían	habrían mordido	(Vds) muerdan

SUBJONCTIF

PRESENT	**IMPARFAIT**	**PLUS-QUE-PARFAIT**
1 muerda	mord-iera/iese	hubiera mordido
2 muerdas	mord-ieras/ieses	hubieras mordido
3 muerda	mord-iera/iese	hubiera mordido
1 mordamos	mord-iéramos/iésemos	hubiéramos mordido
2 mordáis	mord-ierais/ieseis	hubierais mordido
3 muerdan	mord-ieran/iesen	hubieran mordido

PAS. COMP. haya mordido *etc.*

INFINITIF	*PARTICIPE*
PRESENT	**PRESENT**
morder	mordiendo
PASSE	**PASSE**
haber mordido	mordido

MORIR 133
mourir

	PRESENT	**IMPARFAIT**	**FUTUR**
1	muero	moría	moriré
2	mueres	morías	morirás
3	muere	moría	morirá
1	morimos	moríamos	moriremos
2	morís	moríais	moriréis
3	mueren	morían	morirán

	PASSE SIMPLE	**PASSE COMPOSE**	**PLUS-QUE-PARFAIT**
1	morí	he muerto	había muerto
2	moriste	has muerto	habías muerto
3	murió	ha muerto	había muerto
1	morimos	hemos muerto	habíamos muerto
2	moristeis	habéis muerto	habíais muerto
3	murieron	han muerto	habían muerto

PASSE ANTERIEUR

hube muerto *etc.*

FUTUR ANTERIEUR

habré muerto *etc.*

CONDITIONNEL

	PRESENT	**PASSE**	*IMPERATIF*
1	moriría	habría muerto	
2	morirías	habrías muerto	(tú) muere
3	moriría	habría muerto	(Vd) muera
1	moriríamos	habríamos muerto	(nosotros) muramos
2	moriríais	habríais muerto	(vosotros) morid
3	morirían	habrían muerto	(Vds) mueran

SUBJONCTIF

	PRESENT	**IMPARFAIT**	**PLUS-QUE-PARFAIT**
1	muera	mur-iera/iese	hubiera muerto
2	mueras	mur-ieras/ieses	hubieras muerto
3	muera	mur-iera/iese	hubiera muerto
1	muramos	mur-iéramos/iésemos	hubiéramos muerto
2	muráis	mur-ierais/ieseis	hubierais muerto
3	mueran	mur-ieran/iesen	hubieran muerto

PAS. COMP. haya muerto *etc.*

INFINITIF	*PARTICIPE*
PRESENT	**PRESENT**
morir	muriendo
PASSE	**PASSE**
haber muerto	muerto

134 MOVER
remuer, faire marcher

PRESENT	**IMPARFAIT**	**FUTUR**
1 muevo	movía	moveré
2 mueves	movías	moverás
3 mueve	movía	moverá
1 movemos	movíamos	moveremos
2 movéis	movíais	moveréis
3 mueven	movían	moverán

PASSE SIMPLE	**PASSE COMPOSE**	**PLUS-QUE-PARFAIT**
1 moví	he movido	había movido
2 moviste	has movido	habías movido
3 movió	ha movido	había movido
1 movimos	hemos movido	habíamos movido
2 movisteis	habéis movido	habíais movido
3 movieron	han movido	habían movido

PASSE ANTERIEUR

hube movido *etc.*

FUTUR ANTERIEUR

habré movido *etc.*

CONDITIONNEL
PRESENT	**PASSE**	**IMPERATIF**
1 movería	habría movido	
2 moverías	habrías movido	(tú) mueve
3 movería	habría movido	(Vd) mueva
1 moveríamos	habríamos movido	(nosotros) movamos
2 moveríais	habríais movido	(vosotros) moved
3 moverían	habrían movido	(Vds) muevan

SUBJONCTIF
PRESENT	**IMPARFAIT**	**PLUS-QUE-PARFAIT**
1 mueva	mov-iera/iese	hubiera movido
2 muevas	mov-ieras/ieses	hubieras movido
3 mueva	mov-iera/iese	hubiera movido
1 movamos	mov-iéramos/iésemos	hubiéramos movido
2 mováis	mov-ierais/ieseis	hubierais movido
3 muevan	mov-ieran/iesen	hubieran movido

PAS. COMP. haya movido *etc.*

INFINITIF	*PARTICIPE*
PRESENT	**PRESENT**
mover	moviendo
PASSE	**PASSE**
haber movido	movido

NACER
naître

PRESENT	IMPARFAIT	FUTUR
1 nazco	nacía	naceré
2 naces	nacías	nacerás
3 nace	nacía	nacerá
1 nacemos	nacíamos	naceremos
2 nacéis	nacíais	naceréis
3 nacen	nacían	nacerán

PASSE SIMPLE	PASSE COMPOSE	PLUS-QUE-PARFAIT
1 nací	he nacido	había nacido
2 naciste	has nacido	habías nacido
3 nació	ha nacido	había nacido
1 nacimos	hemos nacido	habíamos nacido
2 nacisteis	habéis nacido	habíais nacido
3 nacieron	han nacido	habían nacido

PASSE ANTERIEUR

hube nacido *etc.*

FUTUR ANTERIEUR

habré nacido *etc.*

CONDITIONNEL

PRESENT	PASSE	IMPERATIF
1 nacería	habría nacido	
2 nacerías	habrías nacido	
3 nacería	habría nacido	(tú) nace
1 naceríamos	habríamos nacido	(Vd) nazca
2 naceríais	habríais nacido	(nosotros) nazcamos
3 nacerían	habrían nacido	(vosotros) naced
		(Vds) nazcan

SUBJONCTIF

PRESENT	IMPARFAIT	PLUS-QUE-PARFAIT
1 nazca	nac-iera/iese	hubiera nacido
2 nazcas	nac-ieras/ieses	hubieras nacido
3 nazca	nac-iera/iese	hubiera nacido
1 nazcamos	nac-iéramos/iésemos	hubiéramos nacido
2 nazcáis	nac-ierais/ieseis	hubierais nacido
3 nazcan	nac-ieran/iesen	hubieran nacido

PAS. COMP. haya nacido *etc.*

INFINITIF	PARTICIPE
PRESENT	PRESENT
nacer	naciendo
PASSE	PASSE
haber nacido	nacido

136 NADAR
nager

PRESENT	IMPARFAIT	FUTUR
1 nado	nadaba	nadaré
2 nadas	nadabas	nadarás
3 nada	nadaba	nadará
1 nadamos	nadábamos	nadaremos
2 nadáis	nadabais	nadaréis
3 nadan	nadaban	nadarán

PASSE SIMPLE	PASSE COMPOSE	PLUS-QUE-PARFAIT
1 nadé	he nadado	había nadado
2 nadaste	has nadado	habías nadado
3 nadó	ha nadado	había nadado
1 nadamos	hemos nadado	habíamos nadado
2 nadasteis	habéis nadado	habíais nadado
3 nadaron	han nadado	habían nadado

PASSE ANTERIEUR
hube nadado *etc.*

FUTUR ANTERIEUR
habré nadado *etc.*

CONDITIONNEL

PRESENT	PASSE	IMPERATIF
1 nadaría	habría nadado	
2 nadarías	habrías nadado	(tú) nada
3 nadaría	habría nadado	(Vd) nade
1 nadaríamos	habríamos nadado	(nosotros) nademos
2 nadaríais	habríais nadado	(vosotros) nadad
3 nadarían	habrían nadado	(Vds) naden

SUBJONCTIF

PRESENT	IMPARFAIT	PLUS-QUE-PARFAIT
1 nade	nad-ara/ase	hubiera nadado
2 nades	nad-aras/ases	hubieras nadado
3 nade	nad-ara/ase	hubiera nadado
1 nademos	nad-áramos/ásemos	hubiéramos nadado
2 nadéis	nad-arais/aseis	hubierais nadado
3 naden	nad-aran/asen	hubieran nadado

PAS. COMP. haya nadado *etc.*

INFINITIF	PARTICIPE
PRESENT	PRESENT
nadar	nadando
PASSE	PASSE
haber nadado	nadado

NECESITAR
avoir besoin de **137**

PRESENT	IMPARFAIT	FUTUR
1 necesito	necesitaba	necesitaré
2 necesitas	necesitabas	necesitarás
3 necesita	necesitaba	necesitará
1 necesitamos	necesitábamos	necesitaremos
2 necesitáis	necesitabais	necesitaréis
3 necesitan	necesitaban	necesitarán

PASSE SIMPLE	PASSE COMPOSE	PLUS-QUE-PARFAIT
1 necesité	he necesitado	había necesitado
2 necesitaste	has necesitado	habías necesitado
3 necesitó	ha necesitado	había necesitado
1 necesitamos	hemos necesitado	habíamos necesitado
2 necesitasteis	habéis necesitado	habíais necesitado
3 necesitaron	han necesitado	habían necesitado

PASSE ANTERIEUR

hube necesitado *etc.*

FUTUR ANTERIEUR

habré necesitado *etc.*

CONDITIONNEL

PRESENT	PASSE	IMPERATIF
1 necesitaría	habría necesitado	
2 necesitarías	habrías necesitado	(tú) necesita
3 necesitaría	habría necesitado	(Vd) necesite
1 necesitaríamos	habríamos necesitado	(nosotros) necesitemos
2 necesitaríais	habríais necesitado	(vosotros) necesitad
3 necesitarían	habrían necesitado	(Vds) necesiten

SUBJONCTIF

PRESENT	IMPARFAIT	PLUS-QUE-PARFAIT
1 necesite	necesit-ara/ase	hubiera necesitado
2 necesites	necesit-aras/ases	hubieras necesitado
3 necesite	necesit-ara/ase	hubiera necesitado
1 necesitemos	necesit-áramos/ásemos	hubiéramos necesitado
2 necesitéis	necesit-arais/aseis	hubierais necesitado
3 necesiten	necesit-aran/asen	hubieran necesitado

PAS. COMP. haya necesitado *etc.*

INFINITIF	PARTICIPE
PRESENT	PRESENT
necesitar	necesitando
PASSE	PASSE
haber necesitado	necesitado

138 NEGAR
nier

PRESENT	**IMPARFAIT**	**FUTUR**
1 niego	negaba	negaré
2 niegas	negabas	negarás
3 niega	negaba	negará
1 negamos	negábamos	negaremos
2 negáis	negabais	negaréis
3 niegan	negaban	negarán

PASSE SIMPLE	**PASSE COMPOSE**	**PLUS-QUE-PARFAIT**
1 negué	he negado	había negado
2 negaste	has negado	habías negado
3 negó	ha negado	había negado
1 negamos	hemos negado	habíamos negado
2 negasteis	habéis negado	habíais negado
3 negaron	han negado	habían negado

PASSE ANTERIEUR
hube negado *etc.*

FUTUR ANTERIEUR
habré negado *etc.*

CONDITIONNEL
PRESENT	**PASSE**	*IMPERATIF*
1 negaría	habría negado	
2 negarías	habrías negado	(tú) niega
3 negaría	habría negado	(Vd) niegue
1 negaríamos	habríamos negado	(nosotros) neguemos
2 negaríais	habríais negado	(vosotros) negad
3 negarían	habrían negado	(Vds) nieguen

SUBJONCTIF
PRESENT	**IMPARFAIT**	**PLUS-QUE-PARFAIT**
1 niegue	neg-ara/ase	hubiera negado
2 niegues	neg-aras/ases	hubieras negado
3 niegue	neg-ara/ase	hubiera negado
1 neguemos	neg-áramos/ásemos	hubiéramos negado
2 neguéis	neg-arais/aseis	hubierais negado
3 nieguen	neg-aran/asen	hubieran negado

PAS. COMP. haya negado *etc.*

INFINITIF	*PARTICIPE*
PRESENT	**PRESENT**
negar	negando
PASSE	**PASSE**
haber negado	negado

NEVAR
neiger

PRESENT	IMPARFAIT	FUTUR
3 nieva	nevaba	nevará

PASSE SIMPLE	PASSE COMPOSE	PLUS-QUE-PARFAIT
3 nevó	ha nevado	había nevado

PASSE ANTERIEUR
hubo nevado

FUTUR ANTERIEUR
habrá nevado

CONDITIONNEL

PRESENT	PASSE	*IMPERATIF*
3 nevaría	habría nevado	

SUBJONCTIF

PRESENT	IMPARFAIT	PLUS-QUE-PARFAIT
3 nieve	nev-ara/ase	hubiera nevado

PAS. COMP. haya nevado

INFINITIF	*PARTICIPE*
PRESENT	**PRESENT**
nevar	nevando
PASSE	**PASSE**
haber nevado	nevado

140 OBEDECER
obéir

PRESENT	**IMPARFAIT**	**FUTUR**
1 obedezco	obedecía	obedeceré
2 obedeces	obedecías	obedecerás
3 obedece	obedecía	obedecerá
1 obedecemos	obedecíamos	obedeceremos
2 obedecéis	obedecíais	obedeceréis
3 obedecen	obedecían	obedecerán

PASSE SIMPLE	**PASSE COMPOSE**	**PLUS-QUE-PARFAIT**
1 obedecí	he obedecido	había obedecido
2 obedeciste	has obedecido	habías obedecido
3 obedeció	ha obedecido	había obedecido
1 obedecimos	hemos obedecido	habíamos obedecido
2 obedecisteis	habéis obedecido	habíais obedecido
3 obedecieron	han obedecido	habían obedecido

PASSE ANTERIEUR
hube obedecido *etc.*

FUTUR ANTERIEUR
habré obedecido *etc.*

CONDITIONNEL
PRESENT	**PASSE**	*IMPERATIF*
1 obedecería	habría obedecido	
2 obedecerías	habrías obedecido	(tú) obedece
3 obedecería	habría obedecido	(Vd) obedezca
1 obedeceríamos	habríamos obedecido	(nosotros) obedezcamos
2 obedeceríais	habríais obedecido	(vosotros) obedeced
3 obedecerían	habrían obedecido	(Vds) obedezcan

SUBJONCTIF
PRESENT	**IMPARFAIT**	**PLUS-QUE-PARFAIT**
1 obedezca	obedec-iera/iese	hubiera obedecido
2 obedezcas	obedec-ieras/ieses	hubieras obedecido
3 obedezca	obedec-iera/iese	hubiera obedecido
1 obedezcamos	obedec-iéramos/iésemos	hubiéramos obedecido
2 obedezcáis	obedec-ierais/ieseis	hubierais obedecido
3 obedezcan	obedec-ieran/iesen	hubieran obedecido

PAS. COMP. haya obedecido *etc.*

INFINITIF	*PARTICIPE*
PRESENT	**PRESENT**
obedecer	obedeciendo
PASSE	**PASSE**
haber obedecido	obedecido

OBLIGAR
obliger, forcer

141

	PRESENT	IMPARFAIT	FUTUR
1	obligo	obligaba	obligaré
2	obligas	obligabas	obligarás
3	obliga	obligaba	obligará
1	obligamos	obligábamos	obligaremos
2	obligáis	obligabais	obligaréis
3	obligan	obligaban	obligarán

	PASSE SIMPLE	PASSE COMPOSE	PLUS-QUE-PARFAIT
1	obligué	he obligado	había obligado
2	obligaste	has obligado	habías obligado
3	obligó	ha obligado	había obligado
1	obligamos	hemos obligado	habíamos obligado
2	obligasteis	habéis obligado	habíais obligado
3	obligaron	han obligado	habían obligado

PASSE ANTERIEUR

hube obligado *etc.*

FUTUR ANTERIEUR

habré obligado *etc.*

CONDITIONNEL

	PRESENT	PASSE	IMPERATIF
1	obligaría	habría obligado	
2	obligarías	habrías obligado	(tú) obliga
3	obligaría	habría obligado	(Vd) obligue
1	obligaríamos	habríamos obligado	(nosotros) obliguemos
2	obligaríais	habríais obligado	(vosotros) obligad
3	obligarían	habrían obligado	(Vds) obliguen

SUBJONCTIF

	PRESENT	IMPARFAIT	PLUS-QUE-PARFAIT
1	obligue	oblig-ara/ase	hubiera obligado
2	obligues	oblig-aras/ases	hubieras obligado
3	obligue	oblig-ara/ase	hubiera obligado
1	obliguemos	oblig-áramos/ásemos	hubiéramos obligado
2	obliguéis	oblig-arais/aseis	hubierais obligado
3	obliguen	oblig-aran/asen	hubieran obligado

PAS. COMP. haya obligado *etc.*

INFINITIF
PRESENT
obligar

PASSE
haber obligado

PARTICIPE
PRESENT
obligando

PASSE
obligado

142 OFRECER
offrir

PRESENT	**IMPARFAIT**	**FUTUR**
1 ofrezco	ofrecía	ofreceré
2 ofreces	ofrecías	ofrecerás
3 ofrece	ofrecía	ofrecerá
1 ofrecemos	ofrecíamos	ofreceremos
2 ofrecéis	ofrecíais	ofreceréis
3 ofrecen	ofrecían	ofrecerán

PASSE SIMPLE	**PASSE COMPOSE**	**PLUS-QUE-PARFAIT**
1 ofrecí	he ofrecido	había ofrecido
2 ofreciste	has ofrecido	habías ofrecido
3 ofreció	ha ofrecido	había ofrecido
1 ofrecimos	hemos ofrecido	habíamos ofrecido
2 ofrecisteis	habéis ofrecido	habíais ofrecido
3 ofrecieron	han ofrecido	habían ofrecido

PASSE ANTERIEUR

hube ofrecido *etc.*

FUTUR ANTERIEUR

habré ofrecido *etc.*

CONDITIONNEL

PRESENT	**PASSE**	*IMPERATIF*
1 ofrecería	habría ofrecido	
2 ofrecerías	habrías ofrecido	
3 ofrecería	habría ofrecido	(tú) ofrece
		(Vd) ofrezca
1 ofreceríamos	habríamos ofrecido	(nosotros) ofrezcamos
2 ofreceríais	habríais ofrecido	(vosotros) ofreced
3 ofrecerían	habrían ofrecido	(Vds) ofrezcan

SUBJONCTIF

PRESENT	**IMPARFAIT**	**PLUS-QUE-PARFAIT**
1 ofrezca	ofrec-iera/iese	hubiera ofrecido
2 ofrezcas	ofrec-ieras/ieses	hubieras ofrecido
3 ofrezca	ofrec-iera/iese	hubiera ofrecido
1 ofrezcamos	ofrec-iéramos/iésemos	hubiéramos ofrecido
2 ofrezcáis	ofrec-ierais/ieseis	hubierais ofrecido
3 ofrezcan	ofrec-ieran/iesen	hubieran ofrecido

PAS. COMP. haya ofrecido *etc.*

INFINITIF	*PARTICIPE*
PRESENT	**PRESENT**
ofrecer	ofreciendo
PASSE	**PASSE**
haber ofrecido	ofrecido

OÍR
entendre

PRESENT	**IMPARFAIT**	**FUTUR**
1 oigo	oía	oiré
2 oyes	oías	oirás
3 oye	oía	oirá
1 oímos	oíamos	oiremos
2 oís	oíais	oiréis
3 oyen	oían	oirán

PASSE SIMPLE	**PASSE COMPOSE**	**PLUS-QUE-PARFAIT**
1 oí	he oído	había oído
2 oíste	has oído	habías oído
3 oyó	ha oído	había oído
1 oímos	hemos oído	habíamos oído
2 oísteis	habéis oído	habíais oído
3 oyeron	han oído	habían oído

PASSE ANTERIEUR

hube oído *etc.*

FUTUR ANTERIEUR

habré oído *etc.*

CONDITIONNEL
PRESENT	**PASSE**	*IMPERATIF*
1 oiría	habría oído	
2 oirías	habrías oído	(tú) oye
3 oiría	habría oído	(Vd) oiga
1 oiríamos	habríamos oído	(nosotros) oigamos
2 oiríais	habríais oído	(vosotros) oíd
3 oirían	habrían oído	(Vds) oigan

SUBJONCTIF
PRESENT	**IMPARFAIT**	**PLUS-QUE-PARFAIT**
1 oiga	o-yera/yese	hubiera oído
2 oigas	o-yeras/yeses	hubieras oído
3 oiga	o-yera/yese	hubiera oído
1 oigamos	o-yéramos/yésemos	hubiéramos oído
2 oigáis	o-yerais/yeseis	hubierais oído
3 oigan	o-yeran/yesen	hubieran oído

PAS. COMP. haya oído *etc.*

INFINITIF	*PARTICIPE*
PRESENT	**PRESENT**
oír	oyendo
PASSE	**PASSE**
haber oído	oído

144 OLER
sentir

PRESENT	**IMPARFAIT**	**FUTUR**
1 huelo	olía	oleré
2 hueles	olías	olerás
3 huele	olía	olerá
1 olemos	olíamos	oleremos
2 oléis	olíais	oleréis
3 huelen	olían	olerán

PASSE SIMPLE	**PASSE COMPOSE**	**PLUS-QUE-PARFAIT**
1 olí	he olido	había olido
2 oliste	has olido	habías olido
3 olió	ha olido	había olido
1 olimos	hemos olido	habíamos olido
2 olisteis	habéis olido	habíais olido
3 olieron	han olido	habían olido

PASSE ANTERIEUR
hube olido *etc.*

FUTUR ANTERIEUR
habré olido *etc.*

CONDITIONNEL

PRESENT	**PASSE**	*IMPERATIF*
1 olería	habría olido	
2 olerías	habrías olido	(tú) huele
3 olería	habría olido	(Vd) huela
1 oleríamos	habríamos olido	(nosotros) olamos
2 oleríais	habríais olido	(vosotros) oled
3 olerían	habrían olido	(Vds) huelan

SUBJONCTIF

PRESENT	**IMPARFAIT**	**PLUS-QUE-PARFAIT**
1 huela	ol-iera/iese	hubiera olido
2 huelas	ol-ieras/ieses	hubieras olido
3 huela	ol-iera/iese	hubiera olido
1 olamos	ol-iéramos/iésemos	hubiéramos olido
2 oláis	ol-ierais/ieseis	hubierais olido
3 huelan	ol-ieran/iesen	hubieran olido

PAS. COMP. haya olido *etc.*

INFINITIF	*PARTICIPE*
PRESENT	**PRESENT**
oler	oliendo
PASSE	**PASSE**
haber olido	olido

PAGAR
payer **145**

PRESENT	**IMPARFAIT**	**FUTUR**
1 pago	pagaba	pagaré
2 pagas	pagabas	pagarás
3 paga	pagaba	pagará
1 pagamos	pagábamos	pagaremos
2 pagáis	pagabais	pagaréis
3 pagan	pagaban	pagarán

PASSE SIMPLE	**PASSE COMPOSE**	**PLUS-QUE-PARFAIT**
1 pagué	he pagado	había pagado
2 pagaste	has pagado	habías pagado
3 pagó	ha pagado	había pagado
1 pagamos	hemos pagado	habíamos pagado
2 pagasteis	habéis pagado	habíais pagado
3 pagaron	han pagado	habían pagado

PASSE ANTERIEUR

hube pagado *etc.*

FUTUR ANTERIEUR

habré pagado *etc.*

CONDITIONNEL

PRESENT	**PASSE**	*IMPERATIF*
1 pagaría	habría pagado	
2 pagarías	habrías pagado	(tú) paga
3 pagaría	habría pagado	(Vd) pague
1 pagaríamos	habríamos pagado	(nosotros) paguemos
2 pagaríais	habríais pagado	(vosotros) pagad
3 pagarían	habrían pagado	(Vds) paguen

SUBJONCTIF

PRESENT	**IMPARFAIT**	**PLUS-QUE-PARFAIT**
1 pague	pag-ara/ase	hubiera pagado
2 pagues	pag-aras/ases	hubieras pagado
3 pague	pag-ara/ase	hubiera pagado
1 paguemos	pag-áramos/ásemos	hubiéramos pagado
2 paguéis	pag-arais/aseis	hubierais pagado
3 paguen	pag-aran/asen	hubieran pagado

PAS. COMP. haya pagado *etc.*

INFINITIF	*PARTICIPE*
PRESENT	**PRESENT**
pagar	pagando
PASSE	**PASSE**
haber pagado	pagado

146 PARECER
sembler

PRESENT	IMPARFAIT	FUTUR
1 parezco	parecía	pareceré
2 pareces	parecías	parecerás
3 parece	parecía	parecerá
1 parecemos	parecíamos	pareceremos
2 parecéis	parecíais	pareceréis
3 parecen	parecían	parecerán

PASSE SIMPLE	PASSE COMPOSE	PLUS-QUE-PARFAIT
1 parecí	he parecido	había parecido
2 pareciste	has parecido	habías parecido
3 pareció	ha parecido	había parecido
1 parecimos	hemos parecido	habíamos parecido
2 parecisteis	habéis parecido	habíais parecido
3 parecieron	han parecido	habían parecido

PASSE ANTERIEUR

hube parecido *etc.*

FUTUR ANTERIEUR

habré parecido *etc.*

CONDITIONNEL

PRESENT	PASSE	*IMPERATIF*
1 parecería	habría parecido	
2 parecerías	habrías parecido	(tú) parece
3 parecería	habría parecido	(Vd) parezca
1 pareceríamos	habríamos parecido	(nosotros) parezcamos
2 pareceríais	habríais parecido	(vosotros) pareced
3 parecerían	habrían parecido	(Vds) parezcan

SUBJONCTIF

PRESENT	IMPARFAIT	PLUS-QUE-PARFAIT
1 parezca	parec-iera/iese	hubiera parecido
2 parezcas	parec-ieras/ieses	hubieras parecido
3 parezca	parec-iera/iese	hubiera parecido
1 parezcamos	parec-iéramos/iésemos	hubiéramos parecido
2 parezcáis	parec-ierais/ieseis	hubierais parecido
3 parezcan	parec-ieran/iesen	hubieran parecido

PAS. COMP. haya parecido *etc.*

INFINITIF	*PARTICIPE*
PRESENT	**PRESENT**
parecer	pareciendo
PASSE	**PASSE**
haber parecido	parecido

PASEAR 147
marcher

PRESENT	**IMPARFAIT**	**FUTUR**
1 paseo	paseaba	pasearé
2 paseas	paseabas	pasearás
3 pasea	paseaba	paseará
1 paseamos	paseábamos	pasearemos
2 paseáis	paseabais	pasearéis
3 pasean	paseaban	pasearán

PASSE SIMPLE	**PASSE COMPOSE**	**PLUS-QUE-PARFAIT**
1 paseé	he paseado	había paseado
2 paseaste	has paseado	habías paseado
3 paseó	ha paseado	había paseado
1 paseamos	hemos paseado	habíamos paseado
2 paseasteis	habéis paseado	habíais paseado
3 pasearon	han paseado	habían paseado

PASSE ANTERIEUR

hube paseado *etc.*

FUTUR ANTERIEUR

habré paseado *etc.*

CONDITIONNEL

PRESENT	**PASSE**	*IMPERATIF*
1 pasearía	habría paseado	
2 pasearías	habrías paseado	(tú) pasea
3 pasearía	habría paseado	(Vd) pasee
1 pasearíamos	habríamos paseado	(nosotros) paseemos
2 pasearíais	habríais paseado	(vosotros) pasead
3 pasearían	habrían paseado	(Vds) paseen

SUBJONCTIF

PRESENT	**IMPARFAIT**	**PLUS-QUE-PARFAIT**
1 pasee	pase-ara/ase	hubiera paseado
2 pasees	pase-aras/ases	hubieras paseado
3 pasee	pase-ara/ase	hubiera paseado
1 paseemos	pase-áramos/ásemos	hubiéramos paseado
2 paseéis	pase-arais/aseis	hubierais paseado
3 paseen	pase-aran/asen	hubieran paseado

PAS. COMP. haya paseado *etc.*

INFINITIF	*PARTICIPE*
PRESENT	**PRESENT**
pasear	paseando
PASSE	**PASSE**
haber paseado	paseado

148 PEDIR
demander

PRESENT	IMPARFAIT	FUTUR
1 pido	pedía	pediré
2 pides	pedías	pedirás
3 pide	pedía	pedirá
1 pedimos	pedíamos	pediremos
2 pedís	pedíais	pediréis
3 piden	pedían	pedirán

PASSE SIMPLE	PASSE COMPOSE	PLUS-QUE-PARFAIT
1 pedí	he pedido	había pedido
2 pediste	has pedido	habías pedido
3 pidió	ha pedido	había pedido
1 pedimos	hemos pedido	habíamos pedido
2 pedisteis	habéis pedido	habíais pedido
3 pidieron	han pedido	habían pedido

PASSE ANTERIEUR
hube pedido *etc.*

FUTUR ANTERIEUR
habré pedido *etc.*

CONDITIONNEL

PRESENT	PASSE	IMPERATIF
1 pediría	habría pedido	
2 pedirías	habrías pedido	(tú) pide
3 pediría	habría pedido	(Vd) pida
1 pediríamos	habríamos pedido	(nosotros) pidamos
2 pediríais	habríais pedido	(vosotros) pedid
3 pedirían	habrían pedido	(Vds) pidan

SUBJONCTIF

PRESENT	IMPARFAIT	PLUS-QUE-PARFAIT
1 pida	pid-iera/iese	hubiera pedido
2 pidas	pid-ieras/ieses	hubieras pedido
3 pida	pid-iera/iese	hubiera pedido
1 pidamos	pid-iéramos/iésemos	hubiéramos pedido
2 pidáis	pid-ierais/ieseis	hubierais pedido
3 pidan	pid-ieran/iesen	hubieran pedido

PAS. COMP. haya pedido *etc.*

INFINITIF	PARTICIPE
PRESENT	**PRESENT**
pedir	pidiendo
PASSE	**PASSE**
haber pedido	pedido

PENSAR 149
penser

PRESENT	**IMPARFAIT**	**FUTUR**
1 pienso	pensaba	pensaré
2 piensas	pensabas	pensarás
3 piensa	pensaba	pensará
1 pensamos	pensábamos	pensaremos
2 pensáis	pensabais	pensaréis
3 piensan	pensaban	pensarán

PASSE SIMPLE	**PASSE COMPOSE**	**PLUS-QUE-PARFAIT**
1 pensé	he pensado	había pensado
2 pensaste	has pensado	habías pensado
3 pensó	ha pensado	había pensado
1 pensamos	hemos pensado	habíamos pensado
2 pensasteis	habéis pensado	habíais pensado
3 pensaron	han pensado	habían pensado

PASSE ANTERIEUR

hube pensado *etc.*

FUTUR ANTERIEUR

habré pensado *etc.*

CONDITIONNEL

PRESENT	**PASSE**	*IMPERATIF*
1 pensaría	habría pensado	
2 pensarías	habrías pensado	(tú) piensa
3 pensaría	habría pensado	(Vd) piense
1 pensaríamos	habríamos pensado	(nosotros) pensemos
2 pensaríais	habríais pensado	(vosotros) pensad
3 pensarían	habrían pensado	(Vds) piensen

SUBJONCTIF

PRESENT	**IMPARFAIT**	**PLUS-QUE-PARFAIT**
1 piense	pens-ara/ase	hubiera pensado
2 pienses	pens-aras/ases	hubieras pensado
3 piense	pens-ara/ase	hubiera pensado
1 pensemos	pens-áramos/ásemos	hubiéramos pensado
2 penséis	pens-arais/aseis	hubierais pensado
3 piensen	pens-aran/asen	hubieran pensado

PAS. COMP. haya pensado *etc.*

INFINITIF	*PARTICIPE*
PRESENT	**PRESENT**
pensar	pensando
PASSE	**PASSE**
haber pensado	pensado

150 PERDER
perdre

PRESENT	**IMPARFAIT**	**FUTUR**
1 pierdo	perdía	perderé
2 pierdes	perdías	perderás
3 pierde	perdía	perderá
1 perdemos	perdíamos	perderemos
2 perdéis	perdíais	perderéis
3 pierden	perdían	perderán

PASSE SIMPLE	**PASSE COMPOSE**	**PLUS-QUE-PARFAIT**
1 perdí	he perdido	había perdido
2 perdiste	has perdido	habías perdido
3 perdió	ha perdido	había perdido
1 perdimos	hemos perdido	habíamos perdido
2 perdisteis	habéis perdido	habíais perdido
3 perdieron	han perdido	habían perdido

PASSE ANTERIEUR

hube perdido *etc.*

FUTUR ANTERIEUR

habré perdido *etc.*

CONDITIONNEL

PRESENT	**PASSE**	*IMPERATIF*
1 perdería	habría perdido	
2 perderías	habrías perdido	(tú) pierde
3 perdería	habría perdido	(Vd) pierda
1 perderíamos	habríamos perdido	(nosotros) perdamos
2 perderíais	habríais perdido	(vosotros) perded
3 perderían	habrían perdido	(Vds) pierdan

SUBJONCTIF

PRESENT	**IMPARFAIT**	**PLUS-QUE-PARFAIT**
1 pierda	perd-iera/iese	hubiera perdido
2 pierdas	perd-ieras/ieses	hubieras perdido
3 pierda	perd-iera/iese	hubiera perdido
1 perdamos	perd-iéramos/iésemos	hubiéramos perdido
2 perdáis	perd-ierais/ieseis	hubierais perdido
3 pierdan	perd-ieran/iesen	hubieran perdido

PAS. COMP. haya perdido *etc.*

INFINITIF	*PARTICIPE*
PRESENT	**PRESENT**
perder	perdiendo
PASSE	**PASSE**
haber perdido	perdido

PERTENECER 151
appartenir

PRESENT
1. pertenezco
2. perteneces
3. pertenece
1. pertenecemos
2. pertenecéis
3. pertenecen

IMPARFAIT
pertenecía
pertenecías
pertenecía
pertenecíamos
pertenecíais
pertenecían

FUTUR
perteneceré
pertenecerás
pertenecerá
perteneceremos
perteneceréis
pertenecerán

PASSE SIMPLE
1. pertenecí
2. perteneciste
3. perteneció
1. pertenecimos
2. pertenecisteis
3. pertenecieron

PASSE COMPOSE
he pertenecido
has pertenecido
ha pertenecido
hemos pertenecido
habéis pertenecido
han pertenecido

PLUS-QUE-PARFAIT
había pertenecido
habías pertenecido
había pertenecido
habíamos pertenecido
habíais pertenecido
habían pertenecido

PASSE ANTERIEUR
hube pertenecido *etc.*

FUTUR ANTERIEUR
habré pertenecido *etc.*

CONDITIONNEL
PRESENT
1. pertenecería
2. pertenecerías
3. pertenecería
1. perteneceríamos
2. perteneceríais
3. pertenecerían

PASSE
habría pertenecido
habrías pertenecido
habría pertenecido
habríamos pertenecido
habríais pertenecido
habrían pertenecido

IMPERATIF

(tú) pertenece
(Vd) pertenezca
(nosotros) pertenezcamos
(vosotros) perteneced
(Vds) pertenezcan

SUBJONCTIF
PRESENT
1. pertenezca
2. pertenezcas
3. pertenezca
1. pertenezcamos
2. pertenezcáis
3. pertenezcan

IMPARFAIT
pertenec-iera/iese
pertenec-ieras/ieses
pertenec-iera/iese
pertenec-iéramos/iésemos
pertenec-ierais/ieseis
pertenec-ieran/iesen

PLUS-QUE-PARFAIT
hubiera pertenecido
hubieras pertenecido
hubiera pertenecido
hubiéramos pertenecido
hubierais pertenecido
hubieran pertenecido

PAS. COMP. haya pertenecido *etc.*

INFINITIF
PRESENT
pertenecer

PASSE
haber pertenecido

PARTICIPE
PRESENT
perteneciendo

PASSE
pertenecido

152 PODER
pouvoir

PRESENT	IMPARFAIT	FUTUR
1 puedo	podía	podré
2 puedes	podías	podrás
3 puede	podía	podrá
1 podemos	podíamos	podremos
2 podéis	podíais	podréis
3 pueden	podían	podrán

PASSE SIMPLE	PASSE COMPOSE	PLUS-QUE-PARFAIT
1 pude	he podido	había podido
2 pudiste	has podido	habías podido
3 pudo	ha podido	había podido
1 pudimos	hemos podido	habíamos podido
2 pudisteis	habéis podido	habíais podido
3 pudieron	han podido	habían podido

PASSE ANTERIEUR

hube podido *etc.*

FUTUR ANTERIEUR

habré podido *etc.*

CONDITIONNEL

PRESENT	PASSE	*IMPERATIF*
1 podría	habría podido	
2 podrías	habrías podido	(tú) puede
3 podría	habría podido	(Vd) pueda
1 podríamos	habríamos podido	(nosotros) podamos
2 podríais	habríais podido	(vosotros) poded
3 podrían	habrían podido	(Vds) puedan

SUBJONCTIF

PRESENT	IMPARFAIT	PLUS-QUE-PARFAIT
1 pueda	pud-iera/iese	hubiera podido
2 puedas	pud-ieras/ieses	hubieras podido
3 pueda	pud-iera/iese	hubiera podido
1 podamos	pud-iéramos/iésemos	hubiéramos podido
2 podáis	pud-ierais/ieseis	hubierais podido
3 puedan	pud-ieran/iesen	hubieran podido

PAS. COMP. haya podido *etc.*

INFINITIF	*PARTICIPE*
PRESENT	PRESENT
poder	pudiendo
PASSE	PASSE
haber podido	podido

PONER 153
mettre

	PRESENT	**IMPARFAIT**	**FUTUR**
1	pongo	ponía	pondré
2	pones	ponías	pondrás
3	pone	ponía	pondrá
1	ponemos	poníamos	pondremos
2	ponéis	poníais	pondréis
3	ponen	ponían	pondrán

	PASSE SIMPLE	**PASSE COMPOSE**	**PLUS-QUE-PARFAIT**
1	puse	he puesto	había puesto
2	pusiste	has puesto	habías puesto
3	puso	ha puesto	había puesto
1	pusimos	hemos puesto	habíamos puesto
2	pusisteis	habéis puesto	habíais puesto
3	pusieron	han puesto	habían puesto

PASSE ANTERIEUR

hube puesto *etc.*

FUTUR ANTERIEUR

habré puesto *etc.*

CONDITIONNEL
	PRESENT	**PASSE**	**IMPERATIF**
1	pondría	habría puesto	
2	pondrías	habrías puesto	(tú) pon
3	pondría	habría puesto	(Vd) ponga
1	pondríamos	habríamos puesto	(nosotros) pongamos
2	pondríais	habríais puesto	(vosotros) poned
3	pondrían	habrían puesto	(Vds) pongan

SUBJONCTIF
	PRESENT	**IMPARFAIT**	**PLUS-QUE-PARFAIT**
1	ponga	pus-iera/iese	hubiera puesto
2	pongas	pus-ieras/ieses	hubieras puesto
3	ponga	pus-iera/iese	hubiera puesto
1	pongamos	pus-iéramos/iésemos	hubiéramos puesto
2	pongáis	pus-ierais/ieseis	hubierais puesto
3	pongan	pus-ieran/iesen	hubieran puesto

PAS. COMP. haya puesto *etc.*

INFINITIF
PRESENT

poner

PASSE

haber puesto

PARTICIPE
PRESENT

poniendo

PASSE

puesto

154 PREFERIR
préférer

PRESENT	IMPARFAIT	FUTUR
1 prefiero	prefería	preferiré
2 prefieres	preferías	preferirás
3 prefiere	prefería	preferirá
1 preferimos	preferíamos	preferiremos
2 preferís	preferíais	preferiréis
3 prefieren	preferían	preferirán

PASSE SIMPLE	PASSE COMPOSE	PLUS-QUE-PARFAIT
1 preferí	he preferido	había preferido
2 preferiste	has preferido	habías preferido
3 prefirió	ha preferido	había preferido
1 preferimos	hemos preferido	habíamos preferido
2 preferisteis	habéis preferido	habíais preferido
3 prefirieron	han preferido	habían preferido

PASSE ANTERIEUR

hube preferido *etc.*

FUTUR ANTERIEUR

habré preferido *etc.*

CONDITIONNEL

PRESENT	PASSE	IMPERATIF
1 preferiría	habría preferido	
2 preferirías	habrías preferido	(tú) prefiere
3 preferiría	habría preferido	(Vd) prefiera
1 preferiríamos	habríamos preferido	(nosotros) prefiramos
2 preferiríais	habríais preferido	(vosotros) preferid
3 preferirían	habrían preferido	(Vds) prefieran

SUBJONCTIF

PRESENT	IMPARFAIT	PLUS-QUE-PARFAIT
1 prefiera	prefir-iera/iese	hubiera preferido
2 prefieras	prefir-ieras/ieses	hubieras preferido
3 prefiera	prefir-iera/iese	hubiera preferido
1 prefiramos	prefir-iéramos/iésemos	hubiéramos preferido
2 prefiráis	prefir-ierais/ieseis	hubierais preferido
3 prefieran	prefir-ieran/iesen	hubieran preferido

PAS. COMP. haya preferido *etc.*

INFINITIF	PARTICIPE
PRESENT	PRESENT
preferir	prefiriendo
PASSE	PASSE
haber preferido	preferido

PROBAR 155
essayer, prouver

	PRESENT	**IMPARFAIT**	**FUTUR**
1	pruebo	probaba	probaré
2	pruebas	probabas	probarás
3	prueba	probaba	probará
1	probamos	probábamos	probaremos
2	probáis	probabais	probaréis
3	prueban	probaban	probarán

	PASSE SIMPLE	**PASSE COMPOSE**	**PLUS-QUE-PARFAIT**
1	probé	he probado	había probado
2	probaste	has probado	habías probado
3	probó	ha probado	había probado
1	probamos	hemos probado	habíamos probado
2	probasteis	habéis probado	habíais probado
3	probaron	han probado	habían probado

PASSE ANTERIEUR

hube probado *etc.*

FUTUR ANTERIEUR

habré probado *etc.*

CONDITIONNEL

	PRESENT	**PASSE**	*IMPERATIF*
1	probaría	habría probado	
2	probarías	habrías probado	(tú) prueba
3	probaría	habría probado	(Vd) pruebe
1	probaríamos	habríamos probado	(nosotros) probemos
2	probaríais	habríais probado	(vosotros) probad
3	probarían	habrían probado	(Vds) prueben

SUBJONCTIF

	PRESENT	**IMPARFAIT**	**PLUS-QUE-PARFAIT**
1	pruebe	prob-ara/ase	hubiera probado
2	pruebes	prob-aras/ases	hubieras probado
3	pruebe	prob-ara/ase	hubiera probado
1	probemos	prob-áramos/ásemos	hubiéramos probado
2	probéis	prob-arais/aseis	hubierais probado
3	prueben	prob-aran/asen	hubieran probado

PAS. COMP. haya probado *etc.*

INFINITIF	*PARTICIPE*
PRESENT	**PRESENT**
probar	probando
PASSE	**PASSE**
haber probado	probado

156 PROHIBIR
interdire

	PRESENT	IMPARFAIT	FUTUR
1	prohíbo	prohibía	prohibiré
2	prohíbes	prohibías	prohibirás
3	prohíbe	prohibía	prohibirá
1	prohibimos	prohibíamos	prohibiremos
2	prohibís	prohibíais	prohibiréis
3	prohíben	prohibían	prohibirán

	PASSE SIMPLE	PASSE COMPOSE	PLUS-QUE-PARFAIT
1	prohibí	he prohibido	había prohibido
2	prohibiste	has prohibido	habías prohibido
3	prohibió	ha prohibido	había prohibido
1	prohibimos	hemos prohibido	habíamos prohibido
2	prohibisteis	habéis prohibido	habíais prohibido
3	prohibieron	han prohibido	habían prohibido

PASSE ANTERIEUR

hube prohibido *etc.*

FUTUR ANTERIEUR

habré prohibido *etc.*

CONDITIONNEL

	PRESENT	PASSE	IMPERATIF
1	prohibiría	habría prohibido	
2	prohibirías	habrías prohibido	(tú) prohíbe
3	prohibiría	habría prohibido	(Vd) prohíba
1	prohibiríamos	habríamos prohibido	(nosotros) prohibamos
2	prohibiríais	habríais prohibido	(vosotros) prohibid
3	prohibirían	habrían prohibido	(Vds) prohíban

SUBJONCTIF

	PRESENT	IMPARFAIT	PLUS-QUE-PARFAIT
1	prohíba	prohib-iera/iese	hubiera prohibido
2	prohíbas	prohib-ieras/ieses	hubieras prohibido
3	prohíba	prohib-iera/iese	hubiera prohibido
1	prohibamos	prohib-iéramos/iésemos	hubiéramos prohibido
2	prohibáis	prohib-ierais/ieseis	hubierais prohibido
3	prohíban	prohib-ieran/iesen	hubieran prohibido

PAS. COMP. haya prohibido *etc.*

INFINITIF	PARTICIPE
PRESENT	**PRESENT**
prohibir	prohibiendo
PASSE	**PASSE**
haber prohibido	prohibido

PROTEGER 157
proteger

PRESENT	IMPARFAIT	FUTUR
1 protejo	protegía	protegeré
2 proteges	protegías	protegerás
3 protege	protegía	protegerá
1 protegemos	protegíamos	protegeremos
2 protegéis	protegíais	protegeréis
3 protegen	protegían	protegerán

PASSE SIMPLE	PASSE COMPOSE	PLUS-QUE-PARFAIT
1 protegí	he protegido	había protegido
2 protegiste	has protegido	habías protegido
3 protegió	ha protegido	había protegido
1 protegimos	hemos protegido	habíamos protegido
2 protegisteis	habéis protegido	habíais protegido
3 protegieron	han protegido	habían protegido

PASSE ANTERIEUR

hube protegido *etc.*

FUTUR ANTERIEUR

habré protegido *etc.*

CONDITIONNEL

PRESENT	PASSE	*IMPERATIF*
1 protegería	habría protegido	
2 protegerías	habrías protegido	(tú) protege
3 protegería	habría protegido	(Vd) proteja
1 protegeríamos	habríamos protegido	(nosotros) protejamos
2 protegeríais	habríais protegido	(vosotros) proteged
3 protegerían	habrían protegido	(Vds) protejan

SUBJONCTIF

PRESENT	IMPARFAIT	PLUS-QUE-PARFAIT
1 proteja	proteg-iera/iese	hubiera protegido
2 protejas	proteg-ieras/ieses	hubieras protegido
3 proteja	proteg-iera/iese	hubiera protegido
1 protejamos	proteg-iéramos/iésemos	hubiéramos protegido
2 protejáis	proteg-ierais/ieseis	hubierais protegido
3 protejan	proteg-ieran/iesen	hubieran protegido

PAS. COMP. haya protegido *etc.*

INFINITIF	*PARTICIPE*
PRESENT	**PRESENT**
proteger	protegiendo
PASSE	**PASSE**
haber protegido	protegido

158 PUDRIR
pourrir

	PRESENT	**IMPARFAIT**	**FUTUR**
1	pudro	pudría	pudriré
2	pudres	pudrías	pudrirás
3	pudre	pudría	pudrirá
1	pudrimos	pudríamos	pudriremos
2	pudrís	pudríais	pudriréis
3	pudren	pudrían	pudrirán

	PASSE SIMPLE	**PASSE COMPOSE**	**PLUS-QUE-PARFAIT**
1	pudrí	he podrido	había podrido
2	pudriste	has podrido	habías podrido
3	pudrió	ha podrido	había podrido
1	pudrimos	hemos podrido	habíamos podrido
2	pudristeis	habéis podrido	habíais podrido
3	pudrieron	han podrido	habían podrido

PASSE ANTERIEUR

hube podrido *etc.*

FUTUR ANTERIEUR

habré podrido *etc.*

CONDITIONNEL

	PRESENT	**PASSE**	*IMPERATIF*
1	pudriría	habría podrido	
2	pudrirías	habrías podrido	(tú) pudre
3	pudriría	habría podrido	(Vd) pudra
1	pudriríamos	habríamos podrido	(nosotros) pudramos
2	pudriríais	habríais podrido	(vosotros) pudrid
3	pudrirían	habrían podrido	(Vds) pudran

SUBJONCTIF

	PRESENT	**IMPARFAIT**	**PLUS-QUE-PARFAIT**
1	pudra	pudr-iera/iese	hubiera podrido
2	pudras	pudr-ieras/ieses	hubieras podrido
3	pudra	pudr-iera/iese	hubiera podrido
1	pudramos	pudr-iéramos/iésemos	hubiéramos podrido
2	pudráis	pudr-ierais/ieseis	hubierais podrido
3	pudran	pudr-ieran/iesen	hubieran podrido

PAS. COMP. haya podrido *etc.*

INFINITIF	*PARTICIPE*
PRESENT	**PRESENT**
pudrir	pudriendo
PASSE	**PASSE**
haber podrido	podrido

QUERER
vouloir, aimer **159**

PRESENT	IMPARFAIT	FUTUR
1 quiero	quería	querré
2 quieres	querías	querrás
3 quiere	quería	querrá
1 queremos	queríamos	querremos
2 queréis	queríais	querréis
3 quieren	querían	querrán

PASSE SIMPLE	PASSE COMPOSE	PLUS-QUE-PARFAIT
1 quise	he querido	había querido
2 quisiste	has querido	habías querido
3 quiso	ha querido	había querido
1 quisimos	hemos querido	habíamos querido
2 quisisteis	habéis querido	habíais querido
3 quisieron	han querido	habían querido

PASSE ANTERIEUR

hube querido *etc.*

FUTUR ANTERIEUR

habré querido *etc.*

CONDITIONNEL

PRESENT	PASSE	IMPERATIF
1 querría	habría querido	
2 querrías	habrías querido	(tú) quiere
3 querría	habría querido	(Vd) quiera
1 querríamos	habríamos querido	(nosotros) queramos
2 querríais	habríais querido	(vosotros) quered
3 querrían	habrían querido	(Vds) quieran

SUBJONCTIF

PRESENT	IMPARFAIT	PLUS-QUE-PARFAIT
1 quiera	quis-iera/iese	hubiera querido
2 quieras	quis-ieras/ieses	hubieras querido
3 quiera	quis-iera/iese	hubiera querido
1 queramos	quis-iéramos/iésemos	hubiéramos querido
2 queráis	quis-ierais/ieseis	hubierais querido
3 quieran	quis-ieran/iesen	hubieran querido

PAS. COMP. haya querido *etc.*

INFINITIF	PARTICIPE
PRESENT	**PRESENT**
querer	queriendo
PASSE	**PASSE**
haber querido	querido

160 RECIBIR
recevoir

PRESENT	**IMPARFAIT**	**FUTUR**
1 recibo	recibía	recibiré
2 recibes	recibías	recibirás
3 recibe	recibía	recibirá
1 recibimos	recibíamos	recibiremos
2 recibís	recibíais	recibiréis
3 reciben	recibían	recibirán

PASSE SIMPLE	**PASSE COMPOSE**	**PLUS-QUE-PARFAIT**
1 recibí	he recibido	había recibido
2 recibiste	has recibido	habías recibido
3 recibió	ha recibido	había recibido
1 recibimos	hemos recibido	habíamos recibido
2 recibisteis	habéis recibido	habíais recibido
3 recibieron	han recibido	habían recibido

PASSE ANTERIEUR

hube recibido *etc*.

FUTUR ANTERIEUR

habré recibido *etc*.

CONDITIONNEL

PRESENT	**PASSE**	*IMPERATIF*
1 recibiría	habría recibido	
2 recibirías	habrías recibido	(tú) recibe
3 recibiría	habría recibido	(Vd) reciba
1 recibiríamos	habríamos recibido	(nosotros) recibamos
2 recibiríais	habríais recibido	(vosotros) recibid
3 recibirían	habrían recibido	(Vds) reciban

SUBJONCTIF

PRESENT	**IMPARFAIT**	**PLUS-QUE-PARFAIT**
1 reciba	recib-iera/iese	hubiera recibido
2 recibas	recib-ieras/ieses	hubieras recibido
3 reciba	recib-iera/iese	hubiera recibido
1 recibamos	recib-iéramos/iésemos	hubiéramos recibido
2 recibáis	recib-ierais/ieseis	hubierais recibido
3 reciban	recib-ieran/iesen	hubieran recibido

PAS. COMP. haya recibido *etc*.

INFINITIF	*PARTICIPE*
PRESENT	**PRESENT**
recibir	recibiendo
PASSE	**PASSE**
haber recibido	recibido

RECORDAR 161
rappeler

	PRESENT	**IMPARFAIT**	**FUTUR**
1	recuerdo	recordaba	recordaré
2	recuerdas	recordabas	recordarás
3	recuerda	recordaba	recordará
1	recordamos	recordábamos	recordaremos
2	recordáis	recordabais	recordaréis
3	recuerdan	recordaban	recordarán

	PASSE SIMPLE	**PASSE COMPOSE**	**PLUS-QUE-PARFAIT**
1	recordé	he recordado	había recordado
2	recordaste	has recordado	habías recordado
3	recordó	ha recordado	había recordado
1	recordamos	hemos recordado	habíamos recordado
2	recordasteis	habéis recordado	habíais recordado
3	recordaron	han recordado	habían recordado

PASSE ANTERIEUR

hube recordado *etc.*

FUTUR ANTERIEUR

habré recordado *etc.*

CONDITIONNEL

	PRESENT	**PASSE**	*IMPERATIF*
1	recordaría	habría recordado	
2	recordarías	habrías recordado	(tú) recuerda
3	recordaría	habría recordado	(Vd) recuerde
1	recordaríamos	habríamos recordado	(nosotros) recordemos
2	recordaríais	habríais recordado	(vosotros) recordad
3	recordarían	habrían recordado	(Vds) recuerden

SUBJONCTIF

	PRESENT	**IMPARFAIT**	**PLUS-QUE-PARFAIT**
1	recuerde	record-ara/ase	hubiera recordado
2	recuerdes	record-aras/ases	hubieras recordado
3	recuerde	record-ara/ase	hubiera recordado
1	recordemos	record-áramos/ásemos	hubiéramos recordado
2	recordéis	record-arais/aseis	hubierais recordado
3	recuerden	record-aran/asen	hubieran recordado

PAS. COMP. haya recordado *etc.*

INFINITIF	*PARTICIPE*
PRESENT	**PRESENT**
recordar	recordando
PASSE	**PASSE**
haber recordado	recordado

162 REDUCIR
réduire, limiter

	PRESENT	**IMPARFAIT**	**FUTUR**
1	reduzco	reducía	reduciré
2	reduces	reducías	reducirás
3	reduce	reducía	reducirá
1	reducimos	reducíamos	reduciremos
2	reducís	reducíais	reduciréis
3	reducen	reducían	reducirán

	PASSE SIMPLE	**PASSE COMPOSE**	**PLUS-QUE-PARFAIT**
1	reduje	he reducido	había reducido
2	redujiste	has reducido	habías reducido
3	redujo	ha reducido	había reducido
1	redujimos	hemos reducido	habíamos reducido
2	redujisteis	habéis reducido	habíais reducido
3	redujeron	han reducido	habían reducido

PASSE ANTERIEUR

hube reducido *etc.*

FUTUR ANTERIEUR

habré reducido *etc.*

CONDITIONNEL

	PRESENT	**PASSE**	*IMPERATIF*
1	reduciría	habría reducido	
2	reducirías	habrías reducido	(tú) reduce
3	reduciría	habría reducido	(Vd) reduzca
1	reduciríamos	habríamos reducido	(nosotros) reduzcamos
2	reduciríais	habríais reducido	(vosotros) reducid
3	reducirían	habrían reducido	(Vds) reduzcan

SUBJONCTIF

	PRESENT	**IMPARFAIT**	**PLUS-QUE-PARFAIT**
1	reduzca	reduj-era/ese	hubiera reducido
2	reduzcas	reduj-eras/eses	hubieras reducido
3	reduzca	reduj-era/ese	hubiera reducido
1	reduzcamos	reduj-éramos/ésemos	hubiéramos reducido
2	reduzcáis	reduj-erais/eseis	hubierais reducido
3	reduzcan	reduj-eran/esen	hubieran reducido

PAS. COMP. haya reducido *etc.*

INFINITIF	*PARTICIPE*
PRESENT	**PRESENT**
reducir	reduciendo
PASSE	**PASSE**
haber reducido	reducido

REGALAR
offrir en cadeau
163

	PRESENT	**IMPARFAIT**	**FUTUR**
1	regalo	regalaba	regalaré
2	regalas	regalabas	regalarás
3	regala	regalaba	regalará
1	regalamos	regalábamos	regalaremos
2	regaláis	regalabais	regalaréis
3	regalan	regalaban	regalarán

	PASSE SIMPLE	**PASSE COMPOSE**	**PLUS-QUE-PARFAIT**
1	regalé	he regalado	había regalado
2	regalaste	has regalado	habías regalado
3	regaló	ha regalado	había regalado
1	regalamos	hemos regalado	habíamos regalado
2	regalasteis	habéis regalado	habíais regalado
3	regalaron	han regalado	habían regalado

PASSE ANTERIEUR

hube regalado *etc.*

FUTUR ANTERIEUR

habré regalado *etc.*

CONDITIONNEL

IMPERATIF

	PRESENT	**PASSE**	
1	regalaría	habría regalado	
2	regalarías	habrías regalado	(tú) regala
3	regalaría	habría regalado	(Vd) regale
1	regalaríamos	habríamos regalado	(nosotros) regalemos
2	regalaríais	habríais regalado	(vosotros) regalad
3	regalarían	habrían regalado	(Vds) regalen

SUBJONCTIF

	PRESENT	**IMPARFAIT**	**PLUS-QUE-PARFAIT**
1	regale	regal-ara/ase	hubiera regalado
2	regales	regal-aras/ases	hubieras regalado
3	regale	regal-ara/ase	hubiera regalado
1	regalemos	regal-áramos/ásemos	hubiéramos regalado
2	regaléis	regal-arais/aseis	hubierais regalado
3	regalen	regal-aran/asen	hubieran regalado

PAS. COMP. haya regalado *etc.*

INFINITIF	*PARTICIPE*
PRESENT	**PRESENT**
regalar	regalando
PASSE	**PASSE**
haber regalado	regalado

164 REHUIR
fuir, éviter, refuser

PRESENT	IMPARFAIT	FUTUR
1 rehúyo	rehuía	rehuiré
2 rehúyes	rehuías	rehuirás
3 rehúye	rehuía	rehuirá
1 rehuimos	rehuíamos	rehuiremos
2 rehuís	rehuíais	rehuiréis
3 rehúyen	rehuían	rehuirán

PASSE SIMPLE	PASSE COMPOSE	PLUS-QUE-PARFAIT
1 rehuí	he rehuido	había rehuido
2 rehuiste	has rehuido	habías rehuido
3 rehuyó	ha rehuido	había rehuido
1 rehuimos	hemos rehuido	habíamos rehuido
2 rehuisteis	habéis rehuido	habíais rehuido
3 rehuyeron	han rehuido	habían rehuido

PASSE ANTERIEUR
hube rehuido *etc.*

FUTUR ANTERIEUR
habré rehuido *etc.*

CONDITIONNEL

PRESENT	PASSE	IMPERATIF
1 rehuiría	habría rehuido	
2 rehuirías	habrías rehuido	(tú) rehúye
3 rehuiría	habría rehuido	(Vd) rehúya
1 rehuiríamos	habríamos rehuido	(nosotros) rehuyamos
2 rehuiríais	habríais rehuido	(vosotros) rehuid
3 rehuirían	habrían rehuido	(Vds) rehúyan

SUBJONCTIF

PRESENT	IMPARFAIT	PLUS-QUE-PARFAIT
1 rehúya	rehu-yera/yese	hubiera rehuido
2 rehúyas	rehu-yeras/yeses	hubieras rehuido
3 rehúya	rehu-yera/yese	hubiera rehuido
1 rehuyamos	rehu-yéramos/yésemos	hubiéramos rehuido
2 rehuyáis	rehu-yerais/yeseis	hubierais rehuido
3 rehúyan	rehu-yeran/yesen	hubieran rehuido

PAS. COMP. haya rehuido *etc.*

INFINITIF	PARTICIPE
PRESENT	PRESENT
rehuir	rehuyendo
PASSE	PASSE
haber rehuido	rehuido

REHUSAR
refuser **165**

PRESENT	**IMPARFAIT**	**FUTUR**
1 rehúso	rehusaba	rehusaré
2 rehúsas	rehusabas	rehusarás
3 rehúsa	rehusaba	rehusará
1 rehusamos	rehusábamos	rehusaremos
2 rehusáis	rehusabais	rehusaréis
3 rehúsan	rehusaban	rehusarán

PASSE SIMPLE	**PASSE COMPOSE**	**PLUS-QUE-PARFAIT**
1 rehusé	he rehusado	había rehusado
2 rehusaste	has rehusado	habías rehusado
3 rehusó	ha rehusado	había rehusado
1 rehusamos	hemos rehusado	habíamos rehusado
2 rehusasteis	habéis rehusado	habíais rehusado
3 rehusaron	han rehusado	habían rehusado

PASSE ANTERIEUR

hube rehusado *etc*.

FUTUR ANTERIEUR

habré rehusado *etc*.

CONDITIONNEL

PRESENT	**PASSE**	*IMPERATIF*
1 rehusaría	habría rehusado	
2 rehusarías	habrías rehusado	(tú) rehúsa
3 rehusaría	habría rehusado	(Vd) rehúse
1 rehusaríamos	habríamos rehusado	(nosotros) rehusemos
2 rehusaríais	habríais rehusado	(vosotros) rehusad
3 rehusarían	habrían rehusado	(Vds) rehúsen

SUBJONCTIF

PRESENT	**IMPARFAIT**	**PLUS-QUE-PARFAIT**
1 rehúse	rehus-ara/ase	hubiera rehusado
2 rehúses	rehus-aras/ases	hubieras rehusado
3 rehúse	rehus-ara/ase	hubiera rehusado
1 rehusemos	rehus-áramos/ásemos	hubiéramos rehusado
2 rehuséis	rehus-arais/aseis	hubierais rehusado
3 rehúsen	rehus-aran/asen	hubieran rehusado

PAS. COMP. haya rehusado *etc*.

INFINITIF	*PARTICIPE*
PRESENT	**PRESENT**
rehusar	rehusando
PASSE	**PASSE**
haber rehusado	rehusado

166 REÍR
rire

	PRESENT	**IMPARFAIT**	**FUTUR**
1	río	reía	reiré
2	ríes	reías	reirás
3	ríe	reía	reirá
1	reímos	reíamos	reiremos
2	reís	reíais	reiréis
3	ríen	reían	reirán

	PASSE SIMPLE	**PASSE COMPOSE**	**PLUS-QUE-PARFAIT**
1	reí	he reído	había reído
2	reíste	has reído	habías reído
3	rió	ha reído	había reído
1	reímos	hemos reído	habíamos reído
2	reísteis	habéis reído	habíais reído
3	rieron	han reído	habían reído

PASSE ANTERIEUR

hube reído *etc.*

FUTUR ANTERIEUR

habré reído *etc.*

CONDITIONNEL

	PRESENT	**PASSE**	*IMPERATIF*
1	reiría	habría reído	
2	reirías	habrías reído	(tú) ríe
3	reiría	habría reído	(Vd) ría
1	reiríamos	habríamos reído	(nosotros) riamos
2	reiríais	habríais reído	(vosotros) reíd
3	reirían	habrían reído	(Vds) rían

SUBJONCTIF

	PRESENT	**IMPARFAIT**	**PLUS-QUE-PARFAIT**
1	ría	ri-era/ese	hubiera reído
2	rías	ri-eras/eses	hubieras reído
3	ría	ri-era/ese	hubiera reído
1	riamos	ri-éramos/ésemos	hubiéramos reído
2	riáis	ri-erais/eseis	hubierais reído
3	rían	ri-eran/esen	hubieran reído

PAS. COMP. haya reído *etc.*

INFINITIF	*PARTICIPE*
PRESENT	**PRESENT**
reír	riendo
PASSE	**PASSE**
haber reído	reído

RENOVAR 167
renouveler

PRESENT	**IMPARFAIT**	**FUTUR**
1 renuevo	renovaba	renovaré
2 renuevas	renovabas	renovarás
3 renueva	renovaba	renovará
1 renovamos	renovábamos	renovaremos
2 renováis	renovabais	renovaréis
3 renuevan	renovaban	renovarán

PASSE SIMPLE	**PASSE COMPOSE**	**PLUS-QUE-PARFAIT**
1 renové	he renovado	había renovado
2 renovaste	has renovado	habías renovado
3 renovó	ha renovado	había renovado
1 renovamos	hemos renovado	habíamos renovado
2 renovasteis	habéis renovado	habíais renovado
3 renovaron	han renovado	habían renovado

PASSE ANTERIEUR

hube renovado *etc.*

FUTUR ANTERIEUR

habré renovado *etc.*

CONDITIONNEL

PRESENT	**PASSE**	*IMPERATIF*
1 renovaría	habría renovado	
2 renovarías	habrías renovado	(tú) renueva
3 renovaría	habría renovado	(Vd) renueve
1 renovaríamos	habríamos renovado	(nosotros) renovemos
2 renovaríais	habríais renovado	(vosotros) renovad
3 renovarían	habrían renovado	(Vds) renueven

SUBJONCTIF

PRESENT	**IMPARFAIT**	**PLUS-QUE-PARFAIT**
1 renueve	renov-ara/ase	hubiera renovado
2 renueves	renov-aras/ases	hubieras renovado
3 renueve	renov-ara/ase	hubiera renovado
1 renovemos	renov-áramos/ásemos	hubiéramos renovado
2 renovéis	renov-arais/aseis	hubierais renovado
3 renueven	renov-aran/asen	hubieran renovado

PAS. COMP. haya renovado *etc.*

INFINITIF	*PARTICIPE*
PRESENT	**PRESENT**
renovar	renovando
PASSE	**PASSE**
haber renovado	renovado

168 REÑIR
gronder, réprimander

	PRESENT	IMPARFAIT	FUTUR
1	riño	reñía	reñiré
2	riñes	reñías	reñirás
3	riñe	reñía	reñirá
1	reñimos	reñíamos	reñiremos
2	reñís	reñíais	reñiréis
3	riñen	reñían	reñirán

	PASSE SIMPLE	PASSE COMPOSE	PLUS-QUE-PARFAIT
1	reñí	he reñido	había reñido
2	reñiste	has reñido	habías reñido
3	riñó	ha reñido	había reñido
1	reñimos	hemos reñido	habíamos reñido
2	reñisteis	habéis reñido	habíais reñido
3	riñeron	han reñido	habían reñido

PASSE ANTERIEUR

hube reñido *etc.*

FUTUR ANTERIEUR

habré reñido *etc.*

CONDITIONNEL

	PRESENT	PASSE	*IMPERATIF*
1	reñiría	habría reñido	
2	reñirías	habrías reñido	(tú) riñe
3	reñiría	habría reñido	(Vd) riña
1	reñiríamos	habríamos reñido	(nosotros) riñamos
2	reñiríais	habríais reñido	(vosotros) reñid
3	reñirían	habrían reñido	(Vds) riñan

SUBJONCTIF

	PRESENT	IMPARFAIT	PLUS-QUE-PARFAIT
1	riña	riñ-era/ese	hubiera reñido
2	riñas	riñ-eras/eses	hubieras reñido
3	riña	riñ-era/ese	hubiera reñido
1	riñamos	riñ-éramos/ésemos	hubiéramos reñido
2	riñáis	riñ-erais/eseis	hubierais reñido
3	riñan	riñ-eran/esen	hubieran reñido

PAS. COMP. haya reñido *etc.*

INFINITIF	*PARTICIPE*
PRESENT	**PRESENT**
reñir	riñendo
PASSE	**PASSE**
haber reñido	reñido

REPETIR 169
répéter

PRESENT	**IMPARFAIT**	**FUTUR**
1 repito	repetía	repetiré
2 repites	repetías	repetirás
3 repite	repetía	repetirá
1 repetimos	repetíamos	repetiremos
2 repetís	repetíais	repetiréis
3 repiten	repetían	repetirán

PASSE SIMPLE	**PASSE COMPOSE**	**PLUS-QUE-PARFAIT**
1 repetí	he repetido	había repetido
2 repetiste	has repetido	habías repetido
3 repitió	ha repetido	había repetido
1 repetimos	hemos repetido	habíamos repetido
2 repetisteis	habéis repetido	habíais repetido
3 repitieron	han repetido	habían repetido

PASSE ANTERIEUR

hube repetido *etc.*

FUTUR ANTERIEUR

habré repetido *etc.*

CONDITIONNEL

PRESENT	**PASSE**	*IMPERATIF*
1 repetiría	habría repetido	
2 repetirías	habrías repetido	(tú) repite
3 repetiría	habría repetido	(Vd) repita
1 repetiríamos	habríamos repetido	(nosotros) repitamos
2 repetiríais	habríais repetido	(vosotros) repetid
3 repetirían	habrían repetido	(Vds) repitan

SUBJONCTIF

PRESENT	**IMPARFAIT**	**PLUS-QUE-PARFAIT**
1 repita	repit-iera/iese	hubiera repetido
2 repitas	repit-ieras/ieses	hubieras repetido
3 repita	repit-iera/iese	hubiera repetido
1 repitamos	repit-iéramos/iésemos	hubiéramos repetido
2 repitáis	repit-ierais/ieseis	hubierais repetido
3 repitan	repit-ieran/iesen	hubieran repetido

PAS. COMP. haya repetido *etc.*

INFINITIF	*PARTICIPE*
PRESENT	**PRESENT**
repetir	repitiendo
PASSE	**PASSE**
haber repetido	repetido

170 ROER
grignoter, ronger

	PRESENT	IMPARFAIT	FUTUR
1	roo/roigo/royo	roía	roeré
2	roes	roías	roerás
3	roe	roía	roerá
1	roemos	roíamos	roeremos
2	roéis	roíais	roeréis
3	roen	roían	roerán

	PASSE SIMPLE	PASSE COMPOSE	PLUS-QUE-PARFAIT
1	roí	he roído	había roído
2	roíste	has roído	habías roído
3	royó	ha roído	había roído
1	roímos	hemos roído	habíamos roído
2	roísteis	habéis roído	habíais roído
3	royeron	han roído	habían roído

PASSE ANTERIEUR
hube roído *etc.*

FUTUR ANTERIEUR
habré roído *etc.*

CONDITIONNEL

	PRESENT	PASSE
1	roería	habría roído
2	roerías	habrías roído
3	roería	habría roído
1	roeríamos	habríamos roído
2	roeríais	habríais roído
3	roerían	habrían roído

IMPERATIF

(tú) roe
(Vd) roa
(nosotros) roamos
(vosotros) roed
(Vds) roan

SUBJONCTIF

	PRESENT	IMPARFAIT	PLUS-QUE-PARFAIT
1	roa/roiga/roya	ro-yera/yese	hubiera roído
2	roas	ro-yeras/yeses	hubieras roído
3	roa	ro-yera/yese	hubiera roído
1	roamos	ro-yéramos/yésemos	hubiéramos roído
2	roáis	ro-yerais/yeseis	hubierais roído
3	roan	ro-yeran/yesen	hubieran roído

PAS. COMP. haya roído *etc.*

INFINITIF
PRESENT
roer

PASSE
haber roído

PARTICIPE
PRESENT
royendo

PASSE
roído

ROGAR
demander, supplier
171

	PRESENT	**IMPARFAIT**	**FUTUR**
1	ruego	rogaba	rogaré
2	ruegas	rogabas	rogarás
3	ruega	rogaba	rogará
1	rogamos	rogábamos	rogaremos
2	rogáis	rogabais	rogaréis
3	ruegan	rogaban	rogarán

	PASSE SIMPLE	**PASSE COMPOSE**	**PLUS-QUE-PARFAIT**
1	rogué	he rogado	había rogado
2	rogaste	has rogado	habías rogado
3	rogó	ha rogado	había rogado
1	rogamos	hemos rogado	habíamos rogado
2	rogasteis	habéis rogado	habíais rogado
3	rogaron	han rogado	habían rogado

PASSE ANTERIEUR

hube rogado *etc.*

FUTUR ANTERIEUR

habré rogado *etc.*

CONDITIONNEL

	PRESENT	**PASSE**	*IMPERATIF*
1	rogaría	habría rogado	
2	rogarías	habrías rogado	(tú) ruega
3	rogaría	habría rogado	(Vd) ruegue
1	rogaríamos	habríamos rogado	(nosotros) roguemos
2	rogaríais	habríais rogado	(vosotros) rogad
3	rogarían	habrían rogado	(Vds) rueguen

SUBJONCTIF

	PRESENT	**IMPARFAIT**	**PLUS-QUE-PARFAIT**
1	ruegue	rog-ara/ase	hubiera rogado
2	ruegues	rog-aras/ases	hubieras rogado
3	ruegue	rog-ara/ase	hubiera rogado
1	roguemos	rog-áramos/ásemos	hubiéramos rogado
2	roguéis	rog-arais/aseis	hubierais rogado
3	rueguen	rog-aran/asen	hubieran rogado

PAS. COMP. haya rogado *etc.*

INFINITIF	*PARTICIPE*
PRESENT	**PRESENT**
rogar	rogando
PASSE	**PASSE**
haber rogado	rogado

172 ROMPER
casser

	PRESENT	**IMPARFAIT**	**FUTUR**
1	rompo	rompía	romperé
2	rompes	rompías	romperás
3	rompe	rompía	romperá
1	rompemos	rompíamos	romperemos
2	rompéis	rompíais	romperéis
3	rompen	rompían	romperán

	PASSE SIMPLE	**PASSE COMPOSE**	**PLUS-QUE-PARFAIT**
1	rompí	he roto	había roto
2	rompiste	has roto	habías roto
3	rompió	ha roto	había roto
1	rompimos	hemos roto	habíamos roto
2	rompisteis	habéis roto	habíais roto
3	rompieron	han roto	habían roto

PASSE ANTERIEUR
hube roto *etc.*

FUTUR ANTERIEUR
habré roto *etc.*

CONDITIONNEL

	PRESENT	**PASSE**	*IMPERATIF*
1	rompería	habría roto	
2	romperías	habrías roto	(tú) rompe
3	rompería	habría roto	(Vd) rompa
1	romperíamos	habríamos roto	(nosotros) rompamos
2	romperíais	habríais roto	(vosotros) romped
3	romperían	habrían roto	(Vds) rompan

SUBJONCTIF

	PRESENT	**IMPARFAIT**	**PLUS-QUE-PARFAIT**
1	rompa	romp-iera/iese	hubiera roto
2	rompas	romp-ieras/ieses	hubieras roto
3	rompa	romp-iera/iese	hubiera roto
1	rompamos	romp-iéramos/iésemos	hubiéramos roto
2	rompáis	romp-ierais/ieseis	hubierais roto
3	rompan	romp-ieran/iesen	hubieran roto

PAS. COMP. haya roto *etc.*

INFINITIF	*PARTICIPE*
PRESENT	**PRESENT**
romper	rompiendo
PASSE	**PASSE**
haber roto	roto

SABER
savoir — 173

PRESENT	IMPARFAIT	FUTUR
1 sé	sabía	sabré
2 sabes	sabías	sabrás
3 sabe	sabía	sabrá
1 sabemos	sabíamos	sabremos
2 sabéis	sabíais	sabréis
3 saben	sabían	sabrán

PASSE SIMPLE	PASSE COMPOSE	PLUS-QUE-PARFAIT
1 supe	he sabido	había sabido
2 supiste	has sabido	habías sabido
3 supo	ha sabido	había sabido
1 supimos	hemos sabido	habíamos sabido
2 supisteis	habéis sabido	habíais sabido
3 supieron	han sabido	habían sabido

PASSE ANTERIEUR

hube sabido *etc.*

FUTUR ANTERIEUR

habré sabido *etc.*

CONDITIONNEL

PRESENT	PASSE
1 sabría	habría sabido
2 sabrías	habrías sabido
3 sabría	habría sabido
1 sabríamos	habríamos sabido
2 sabríais	habríais sabido
3 sabrían	habrían sabido

IMPERATIF

(tú) sabe
(Vd) sepa
(nosotros) sepamos
(vosotros) sabed
(Vds) sepan

SUBJONCTIF

PRESENT	IMPARFAIT	PLUS-QUE-PARFAIT
1 sepa	sup-iera/iese	hubiera sabido
2 sepas	sup-ieras/ieses	hubieras sabido
3 sepa	sup-iera/iese	hubiera sabido
1 sepamos	sup-iéramos/iésemos	hubiéramos sabido
2 sepáis	sup-ierais/ieseis	hubierais sabido
3 sepan	sup-ieran/iesen	hubieran sabido

PAS. COMP. haya sabido *etc.*

INFINITIF	*PARTICIPE*
PRESENT	**PRESENT**
saber	sabiendo
PASSE	**PASSE**
haber sabido	sabido

174 SACAR
enlever, extraire

	PRESENT	IMPARFAIT	FUTUR
1	saco	sacaba	sacaré
2	sacas	sacabas	sacarás
3	saca	sacaba	sacará
1	sacamos	sacábamos	sacaremos
2	sacáis	sacabais	sacaréis
3	sacan	sacaban	sacarán

	PASSE SIMPLE	PASSE COMPOSE	PLUS-QUE-PARFAIT
1	saqué	he sacado	había sacado
2	sacaste	has sacado	habías sacado
3	sacó	ha sacado	había sacado
1	sacamos	hemos sacado	habíamos sacado
2	sacasteis	habéis sacado	habíais sacado
3	sacaron	han sacado	habían sacado

PASSE ANTERIEUR

hube sacado *etc.*

FUTUR ANTERIEUR

habré sacado *etc.*

CONDITIONNEL

	PRESENT	PASSE	*IMPERATIF*
1	sacaría	habría sacado	
2	sacarías	habrías sacado	(tú) saca
3	sacaría	habría sacado	(Vd) saque
1	sacaríamos	habríamos sacado	(nosotros) saquemos
2	sacaríais	habríais sacado	(vosotros) sacad
3	sacarían	habrían sacado	(Vds) saquen

SUBJONCTIF

	PRESENT	IMPARFAIT	PLUS-QUE-PARFAIT
1	saque	sac-ara/ase	hubiera sacado
2	saques	sac-aras/ases	hubieras sacado
3	saque	sac-ara/ase	hubiera sacado
1	saquemos	sac-áramos/ásemos	hubiéramos sacado
2	saquéis	sac-arais/aseis	hubierais sacado
3	saquen	sac-aran/asen	hubieran sacado

PAS. COMP. haya sacado *etc.*

INFINITIF	*PARTICIPE*
PRESENT	**PRESENT**
sacar	sacando
PASSE	**PASSE**
haber sacado	sacado

SALIR
sortir, quitter

PRESENT	IMPARFAIT	FUTUR
1 salgo	salía	saldré
2 sales	salías	saldrás
3 sale	salía	saldrá
1 salimos	salíamos	saldremos
2 salís	salíais	saldréis
3 salen	salían	saldrán

PASSE SIMPLE	PASSE COMPOSE	PLUS-QUE-PARFAIT
1 salí	he salido	había salido
2 saliste	has salido	habías salido
3 salió	ha salido	había salido
1 salimos	hemos salido	habíamos salido
2 salisteis	habéis salido	habíais salido
3 salieron	han salido	habían salido

PASSE ANTERIEUR

hube salido *etc.*

FUTUR ANTERIEUR

habré salido *etc.*

CONDITIONNEL

PRESENT	PASSE	IMPERATIF
1 saldría	habría salido	
2 saldrías	habrías salido	
3 saldría	habría salido	(tú) sal
1 saldríamos	habríamos salido	(Vd) salga
2 saldríais	habríais salido	(nosotros) salgamos
3 saldrían	habrían salido	(vosotros) salid
		(Vds) salgan

SUBJONCTIF

PRESENT	IMPARFAIT	PLUS-QUE-PARFAIT
1 salga	sal-iera/iese	hubiera salido
2 salgas	sal-ieras/ieses	hubieras salido
3 salga	sal-iera/iese	hubiera salido
1 salgamos	sal-iéramos/iésemos	hubiéramos salido
2 salgáis	sal-ierais/ieseis	hubierais salido
3 salgan	sal-ieran/iesen	hubieran salido

PAS. COMP. haya salido *etc.*

INFINITIF
PRESENT
salir

PASSE
haber salido

PARTICIPE
PRESENT
saliendo

PASSE
salido

176 SATISFACER
satisfaire

PRESENT	**IMPARFAIT**	**FUTUR**
1 satisfago	satisfacía	satisfaré
2 satisfaces	satisfacías	satisfarás
3 satisface	satisfacía	satisfará
1 satisfacemos	satisfacíamos	satisfaremos
2 satisfacéis	satisfacíais	satisfaréis
3 satisfacen	satisfacían	satisfarán

PASSE SIMPLE	**PASSE COMPOSE**	**PLUS-QUE-PARFAIT**
1 satisfice	he satisfecho	había satisfecho
2 satisficiste	has satisfecho	habías satisfecho
3 satisfizo	ha satisfecho	había satisfecho
1 satisficimos	hemos satisfecho	habíamos satisfecho
2 satisficisteis	habéis satisfecho	habíais satisfecho
3 satisficieron	han satisfecho	habían satisfecho

PASSE ANTERIEUR

hube satisfecho *etc.*

FUTUR ANTERIEUR

habré satisfecho *etc.*

CONDITIONNEL

PRESENT	**PASSE**	*IMPERATIF*
1 satisfaría	habría satisfecho	
2 satisfarías	habrías satisfecho	(tú) satisface/satisfaz
3 satisfaría	habría satisfecho	(Vd) satisfaga
1 satisfaríamos	habríamos satisfecho	(nosotros) satisfagamos
2 satisfaríais	habríais satisfecho	(vosotros) satisfaced
3 satisfarían	habrían satisfecho	(Vds) satisfagan

SUBJONCTIF

PRESENT	**IMPARFAIT**	**PLUS-QUE-PARFAIT**
1 satisfaga	satisfic-iera/iese	hubiera satisfecho
2 satisfagas	satisfic-ieras/ieses	hubieras satisfecho
3 satisfaga	satisfic-iera/iese	hubiera satisfecho
1 satisfagamos	satisfic-iéramos/iésemos	hubiéramos satisfecho
2 satisfagáis	satisfic-ierais/ieseis	hubierais satisfecho
3 satisfagan	satisfic-ieran/iesen	hubieran satisfecho

PAS. COMP. haya satisfecho *etc.*

INFINITIF	*PARTICIPE*
PRESENT	**PRESENT**
satisfacer	satisfaciendo
PASSE	**PASSE**
haber satisfecho	satisfecho

SECAR
sécher, essuyer

	PRESENT	IMPARFAIT	FUTUR
1	seco	secaba	secaré
2	secas	secabas	secarás
3	seca	secaba	secará
1	secamos	secábamos	secaremos
2	secáis	secabais	secaréis
3	secan	secaban	secarán

	PASSE SIMPLE	PASSE COMPOSE	PLUS-QUE-PARFAIT
1	sequé	he secado	había secado
2	secaste	has secado	habías secado
3	secó	ha secado	había secado
1	secamos	hemos secado	habíamos secado
2	secasteis	habéis secado	habíais secado
3	secaron	han secado	habían secado

PASSE ANTERIEUR

hube secado *etc.*

FUTUR ANTERIEUR

habré secado *etc.*

CONDITIONNEL

	PRESENT	PASSE	IMPERATIF
1	secaría	habría secado	
2	secarías	habrías secado	(tú) seca
3	secaría	habría secado	(Vd) seque
1	secaríamos	habríamos secado	(nosotros) sequemos
2	secaríais	habríais secado	(vosotros) secad
3	secarían	habrían secado	(Vds) sequen

SUBJONCTIF

	PRESENT	IMPARFAIT	PLUS-QUE-PARFAIT
1	seque	sec-ara/ase	hubiera secado
2	seques	sec-aras/ases	hubieras secado
3	seque	sec-ara/ase	hubiera secado
1	sequemos	sec-áramos/ásemos	hubiéramos secado
2	sequéis	sec-arais/aseis	hubierais secado
3	sequen	sec-aran/asen	hubieran secado

PAS. COMP. haya secado *etc.*

INFINITIF	*PARTICIPE*
PRESENT	**PRESENT**
secar	secando
PASSE	**PASSE**
haber secado	secado

178 SEGUIR
suivre

PRESENT	**IMPARFAIT**	**FUTUR**
1 sigo	seguía	seguiré
2 sigues	seguías	seguirás
3 sigue	seguía	seguirá
1 seguimos	seguíamos	seguiremos
2 seguís	seguíais	seguiréis
3 siguen	seguían	seguirán

PASSE SIMPLE	**PASSE COMPOSE**	**PLUS-QUE-PARFAIT**
1 seguí	he seguido	había seguido
2 seguiste	has seguido	habías seguido
3 siguió	ha seguido	había seguido
1 seguimos	hemos seguido	habíamos seguido
2 seguisteis	habéis seguido	habíais seguido
3 siguieron	han seguido	habían seguido

PASSE ANTERIEUR

hube seguido *etc.*

FUTUR ANTERIEUR

habré seguido *etc.*

CONDITIONNEL

PRESENT	**PASSE**	*IMPERATIF*
1 seguiría	habría seguido	
2 seguirías	habrías seguido	(tú) sigue
3 seguiría	habría seguido	(Vd) siga
1 seguiríamos	habríamos seguido	(nosotros) sigamos
2 seguiríais	habríais seguido	(vosotros) seguid
3 seguirían	habrían seguido	(Vds) sigan

SUBJONCTIF

PRESENT	**IMPARFAIT**	**PLUS-QUE-PARFAIT**
1 siga	sigu-iera/iese	hubiera seguido
2 sigas	sigu-ieras/ieses	hubieras seguido
3 siga	sigu-iera/iese	hubiera seguido
1 sigamos	sigu-iéramos/iésemos	hubiéramos seguido
2 sigáis	sigu-ierais/ieseis	hubierais seguido
3 sigan	sigu-ieran/iesen	hubieran seguido

PAS. COMP. haya seguido *etc.*

INFINITIF	*PARTICIPE*
PRESENT	**PRESENT**
seguir	siguiendo
PASSE	**PASSE**
haber seguido	seguido

SENTARSE 179
s'asseoir

PRESENT	**IMPARFAIT**	**FUTUR**
1 me siento	me sentaba	me sentaré
2 te sientas	te sentabas	te sentarás
3 se sienta	se sentaba	se sentará
1 nos sentamos	nos sentábamos	nos sentaremos
2 os sentáis	os sentabais	os sentaréis
3 se sientan	se sentaban	se sentarán

PASSE SIMPLE	**PASSE COMPOSE**	**PLUS-QUE-PARFAIT**
1 me senté	me he sentado	me había sentado
2 te sentaste	te has sentado	te habías sentado
3 se sentó	se ha sentado	se había sentado
1 nos sentamos	nos hemos sentado	nos habíamos sentado
2 os sentasteis	os habéis sentado	os habíais sentado
3 se sentaron	se han sentado	se habían sentado

PASSE ANTERIEUR

me hube sentado *etc.*

FUTUR ANTERIEUR

me habré sentado *etc.*

CONDITIONNEL

PRESENT	**PASSE**	*IMPERATIF*
1 me sentaría	me habría sentado	
2 te sentarías	te habrías sentado	(tú) siéntate
3 se sentaría	se habría sentado	(Vd) siéntese
1 nos sentaríamos	nos habríamos sentado	(nosotros) sentémonos
2 os sentaríais	os habríais sentado	(vosotros) sentaos
3 se sentarían	se habrían sentado	(Vds) siéntense

SUBJONCTIF

PRESENT	**IMPARFAIT**	**PLUS-QUE-PARFAIT**
1 me siente	me sent-ara/ase	me hubiera sentado
2 te sientes	te sent-aras/ases	te hubieras sentado
3 se siente	se sent-ara/ase	se hubiera sentado
1 nos sentemos	nos sent-áramos/ásemos	nos hubiéramos sentado
2 os sentéis	os sent-arais/aseis	os hubierais sentado
3 se sienten	se sent-aran/asen	se hubieran sentado

PAS. COMP. me haya sentado *etc.*

INFINITIF	*PARTICIPE*
PRESENT	**PRESENT**
sentarse	sentándose
PASSE	**PASSE**
haberse sentado	sentado

180 SENTIR
sentir, regretter

	PRESENT	IMPARFAIT	FUTUR
1	siento	sentía	sentiré
2	sientes	sentías	sentirás
3	siente	sentía	sentirá
1	sentimos	sentíamos	sentiremos
2	sentís	sentíais	sentiréis
3	sienten	sentían	sentirán

	PASSE SIMPLE	PASSE COMPOSE	PLUS-QUE-PARFAIT
1	sentí	he sentido	había sentido
2	sentiste	has sentido	habías sentido
3	sintió	ha sentido	había sentido
1	sentimos	hemos sentido	habíamos sentido
2	sentisteis	habéis sentido	habíais sentido
3	sintieron	han sentido	habían sentido

PASSE ANTERIEUR

hube sentido *etc.*

FUTUR ANTERIEUR

habré sentido *etc.*

CONDITIONNEL

	PRESENT	PASSE	*IMPERATIF*
1	sentiría	habría sentido	
2	sentirías	habrías sentido	(tú) siente
3	sentiría	habría sentido	(Vd) sienta
1	sentiríamos	habríamos sentido	(nosotros) sintamos
2	sentiríais	habríais sentido	(vosotros) sentid
3	sentirían	habrían sentido	(Vds) sientan

SUBJONCTIF

	PRESENT	IMPARFAIT	PLUS-QUE-PARFAIT
1	sienta	sint-iera/iese	hubiera sentido
2	sientas	sint-ieras/ieses	hubieras sentido
3	sienta	sint-iera/iese	hubiera sentido
1	sintamos	sint-iéramos/iésemos	hubiéramos sentido
2	sintáis	sint-ierais/ieseis	hubierais sentido
3	sientan	sint-ieran/iesen	hubieran sentido

PAS. COMP. haya sentido *etc.*

INFINITIF	*PARTICIPE*
PRESENT	**PRESENT**
sentir	sintiendo
PASSE	**PASSE**
haber sentido	sentido

SER
être

PRESENT	IMPARFAIT	FUTUR
1 soy	era	seré
2 eres	eras	serás
3 es	era	será
1 somos	éramos	seremos
2 sois	erais	seréis
3 son	eran	serán

PASSE SIMPLE	PASSE COMPOSE	PLUS-QUE-PARFAIT
1 fui	he sido	había sido
2 fuiste	has sido	habías sido
3 fue	ha sido	había sido
1 fuimos	hemos sido	habíamos sido
2 fuisteis	habéis sido	habíais sido
3 fueron	han sido	habían sido

PASSE ANTERIEUR

hube sido *etc.*

FUTUR ANTERIEUR

habré sido *etc.*

CONDITIONNEL

PRESENT	PASSE	IMPERATIF
1 sería	habría sido	
2 serías	habrías sido	(tú) sé
3 sería	habría sido	(Vd) sea
1 seríamos	habríamos sido	(nosotros) seamos
2 seríais	habríais sido	(vosotros) sed
3 serían	habrían sido	(Vds) sean

SUBJONCTIF

PRESENT	IMPARFAIT	PLUS-QUE-PARFAIT
1 sea	fu-era/ese	hubiera sido
2 seas	fu-eras/eses	hubieras sido
3 sea	fu-era/ese	hubiera sido
1 seamos	fu-éramos/ésemos	hubiéramos sido
2 seáis	fu-erais/eseis	hubierais sido
3 sean	fu-eran/esen	hubieran sido

PAS. COMP. haya sido *etc.*

INFINITIF	PARTICIPE
PRESENT	PRESENT
ser	siendo
PASSE	PASSE
haber sido	sido

182 SERVIR
servir

PRESENT	IMPARFAIT	FUTUR
1 sirvo	servía	serviré
2 sirves	servías	servirás
3 sirve	servía	servirá
1 servimos	servíamos	serviremos
2 servís	servíais	serviréis
3 sirven	servían	servirán

PASSE SIMPLE	PASSE COMPOSE	PLUS-QUE-PARFAIT
1 serví	he servido	había servido
2 serviste	has servido	habías servido
3 sirvió	ha servido	había servido
1 servimos	hemos servido	habíamos servido
2 servisteis	habéis servido	habíais servido
3 sirvieron	han servido	habían servido

PASSE ANTERIEUR
hube servido *etc.*

FUTUR ANTERIEUR
habré servido *etc.*

CONDITIONNEL

PRESENT	PASSE	IMPERATIF
1 serviría	habría servido	
2 servirías	habrías servido	(tú) sirve
3 serviría	habría servido	(Vd) sirva
1 serviríamos	habríamos servido	(nosotros) sirvamos
2 serviríais	habríais servido	(vosotros) servid
3 servirían	habrían servido	(Vds) sirvan

SUBJONCTIF

PRESENT	IMPARFAIT	PLUS-QUE-PARFAIT
1 sirva	sirv-iera/iese	hubiera servido
2 sirvas	sirv-ieras/ieses	hubieras servido
3 sirva	sirv-iera/iese	hubiera servido
1 sirvamos	sirv-iéramos/iésemos	hubiéramos servido
2 sirváis	sirv-ierais/ieseis	hubierais servido
3 sirvan	sirv-ieran/iesen	hubieran servido

PAS. COMP. haya servido *etc.*

INFINITIF	*PARTICIPE*
PRESENT	**PRESENT**
servir	sirviendo
PASSE	**PASSE**
haber servido	servido

SITUAR 183
mettre, situer

	PRESENT	IMPARFAIT	FUTUR
1	sitúo	situaba	situaré
2	sitúas	situabas	situarás
3	sitúa	situaba	situará
1	situamos	situábamos	situaremos
2	situáis	situabais	situaréis
3	sitúan	situaban	situarán

	PASSE SIMPLE	PASSE COMPOSE	PLUS-QUE-PARFAIT
1	situé	he situado	había situado
2	situaste	has situado	habías situado
3	situó	ha situado	había situado
1	situamos	hemos situado	habíamos situado
2	situasteis	habéis situado	habíais situado
3	situaron	han situado	habían situado

PASSE ANTERIEUR

hube situado *etc.*

FUTUR ANTERIEUR

habré situado *etc.*

CONDITIONNEL

	PRESENT	PASSE	*IMPERATIF*
1	situaría	habría situado	
2	situarías	habrías situado	(tú) sitúa
3	situaría	habría situado	(Vd) sitúe
1	situaríamos	habríamos situado	(nosotros) situemos
2	situaríais	habríais situado	(vosotros) situad
3	situarían	habrían situado	(Vds) sitúen

SUBJONCTIF

	PRESENT	IMPARFAIT	PLUS-QUE-PARFAIT
1	sitúe	situ-ara/ase	hubiera situado
2	sitúes	situ-aras/ases	hubieras situado
3	sitúe	situ-ara/ase	hubiera situado
1	situemos	situ-áramos/ásemos	hubiéramos situado
2	situéis	situ-arais/aseis	hubierais situado
3	sitúen	situ-aran/asen	hubieran situado

PAS. COMP. haya situado *etc.*

INFINITIF	*PARTICIPE*
PRESENT	**PRESENT**
situar	situando
PASSE	**PASSE**
haber situado	situado

184 SOLER
avoir l'habitude de

PRESENT	**IMPARFAIT**	**FUTUR**
1 suelo	solía	
2 sueles	solías	
3 suele	solía	
1 solemos	solíamos	
2 soléis	solíais	
3 suelen	solían	

PASSE SIMPLE	**PASSE COMPOSE**	**PLUS-QUE-PARFAIT**

PASSE ANTERIEUR		**FUTUR ANTERIEUR**

CONDITIONNEL		*IMPERATIF*
PRESENT	**PASSE**	

SUBJONCTIF

PRESENT	**IMPARFAIT**	**PLUS-QUE-PARFAIT**
1 suela		
2 suelas		
3 suela		
1 solamos		
2 soláis		
3 suelan		

PAS. COMP.

INFINITIF	*PARTICIPE*	**N.B.**
PRESENT	**PRESENT**	Les autres temps sont rarement utilisés.
soler		
PASSE	**PASSE**	

SOÑAR
rêver **185**

PRESENT	**IMPARFAIT**	**FUTUR**
1 sueño	soñaba	soñaré
2 sueñas	soñabas	soñarás
3 sueña	soñaba	soñará
1 soñamos	soñábamos	soñaremos
2 soñáis	soñabais	soñaréis
3 sueñan	soñaban	soñarán

PASSE SIMPLE	**PASSE COMPOSE**	**PLUS-QUE-PARFAIT**
1 soñé	he soñado	había soñado
2 soñaste	has soñado	habías soñado
3 soñó	ha soñado	había soñado
1 soñamos	hemos soñado	habíamos soñado
2 soñasteis	habéis soñado	habíais soñado
3 soñaron	han soñado	habían soñado

PASSE ANTERIEUR

hube soñado *etc.*

FUTUR ANTERIEUR

habré soñado *etc.*

CONDITIONNEL

PRESENT	**PASSE**	*IMPERATIF*
1 soñaría	habría soñado	
2 soñarías	habrías soñado	(tú) sueña
3 soñaría	habría soñado	(Vd) sueñe
1 soñaríamos	habríamos soñado	(nosotros) soñemos
2 soñaríais	habríais soñado	(vosotros) soñad
3 soñarían	habrían soñado	(Vds) sueñen

SUBJONCTIF

PRESENT	**IMPARFAIT**	**PLUS-QUE-PARFAIT**
1 sueñe	soñ-ara/ase	hubiera soñado
2 sueñes	soñ-aras/ases	hubieras soñado
3 sueñe	soñ-ara/ase	hubiera soñado
1 soñemos	soñ-áramos/ásemos	hubiéramos soñado
2 soñéis	soñ-arais/aseis	hubierais soñado
3 sueñen	soñ-aran/asen	hubieran soñado

PAS. COMP. haya soñado *etc.*

INFINITIF	*PARTICIPE*
PRESENT	**PRESENT**
soñar	soñando
PASSE	**PASSE**
haber soñado	soñado

186 SUBIR
monter

PRESENT	**IMPARFAIT**	**FUTUR**
1 subo	subía	subiré
2 subes	subías	subirás
3 sube	subía	subirá
1 subimos	subíamos	subiremos
2 subís	subíais	subiréis
3 suben	subían	subirán

PASSE SIMPLE	**PASSE COMPOSE**	**PLUS-QUE-PARFAIT**
1 subí	he subido	había subido
2 subiste	has subido	habías subido
3 subió	ha subido	había subido
1 subimos	hemos subido	habíamos subido
2 subisteis	habéis subido	habíais subido
3 subieron	han subido	habían subido

PASSE ANTERIEUR
hube subido *etc.*

FUTUR ANTERIEUR
habré subido *etc.*

CONDITIONNEL
PRESENT	**PASSE**	*IMPERATIF*
1 subiría	habría subido	
2 subirías	habrías subido	(tú) sube
3 subiría	habría subido	(Vd) suba
1 subiríamos	habríamos subido	(nosotros) subamos
2 subiríais	habríais subido	(vosotros) subid
3 subirían	habrían subido	(Vds) suban

SUBJONCTIF
PRESENT	**IMPARFAIT**	**PLUS-QUE-PARFAIT**
1 suba	sub-iera/iese	hubiera subido
2 subas	sub-ieras/ieses	hubieras subido
3 suba	sub-iera/iese	hubiera subido
1 subamos	sub-iéramos/iésemos	hubiéramos subido
2 subáis	sub-ierais/ieseis	hubierais subido
3 suban	sub-ieran/iesen	hubieran subido

PAS. COMP. haya subido *etc.*

INFINITIF	*PARTICIPE*
PRESENT	**PRESENT**
subir	subiendo
PASSE	**PASSE**
haber subido	subido

SUGERIR 187
suggérer

PRESENT	**IMPARFAIT**	**FUTUR**
1 sugiero	sugería	sugeriré
2 sugieres	sugerías	sugerirás
3 sugiere	sugería	sugerirá
1 sugerimos	sugeríamos	sugeriremos
2 sugerís	sugeríais	sugeriréis
3 sugieren	sugerían	sugerirán

PASSE SIMPLE	**PASSE COMPOSE**	**PLUS-QUE-PARFAIT**
1 sugerí	he sugerido	había sugerido
2 sugeriste	has sugerido	habías sugerido
3 sugirió	ha sugerido	había sugerido
1 sugerimos	hemos sugerido	habíamos sugerido
2 sugeristeis	habéis sugerido	habíais sugerido
3 sugirieron	han sugerido	habían sugerido

PASSE ANTERIEUR

hube sugerido *etc.*

FUTUR ANTERIEUR

habré sugerido *etc.*

CONDITIONNEL

PRESENT	**PASSE**
1 sugeriría	habría sugerido
2 sugerirías	habrías sugerido
3 sugeriría	habría sugerido
1 sugeriríamos	habríamos sugerido
2 sugeriríais	habríais sugerido
3 sugerirían	habrían sugerido

IMPERATIF

(tú) sugiere
(Vd) sugiera
(nosotros) sugiramos
(vosotros) sugerid
(Vds) sugieran

SUBJONCTIF

PRESENT	**IMPARFAIT**	**PLUS-QUE-PARFAIT**
1 sugiera	sugir-iera/iese	hubiera sugerido
2 sugieras	sugir-ieras/ieses	hubieras sugerido
3 sugiera	sugir-iera/iese	hubiera sugerido
1 sugiramos	sugir-iéramos/iésemos	hubiéramos sugerido
2 sugiráis	sugir-ierais/ieseis	hubierais sugerido
3 sugieran	sugir-ieran/iesen	hubieran sugerido

PAS. COMP. haya sugerido *etc.*

INFINITIF	*PARTICIPE*
PRESENT	**PRESENT**
sugerir	sugiriendo
PASSE	**PASSE**
haber sugerido	sugerido

188 TENER
avoir

PRESENT	IMPARFAIT	FUTUR
1 tengo	tenía	tendré
2 tienes	tenías	tendrás
3 tiene	tenía	tendrá
1 tenemos	teníamos	tendremos
2 tenéis	teníais	tendréis
3 tienen	tenían	tendrán

PASSE SIMPLE	PASSE COMPOSE	PLUS-QUE-PARFAIT
1 tuve	he tenido	había tenido
2 tuviste	has tenido	habías tenido
3 tuvo	ha tenido	había tenido
1 tuvimos	hemos tenido	habíamos tenido
2 tuvisteis	habéis tenido	habíais tenido
3 tuvieron	han tenido	habían tenido

PASSE ANTERIEUR

hube tenido *etc.*

FUTUR ANTERIEUR

habré tenido *etc.*

CONDITIONNEL

PRESENT	PASSE	IMPERATIF
1 tendría	habría tenido	
2 tendrías	habrías tenido	(tú) ten
3 tendría	habría tenido	(Vd) tenga
1 tendríamos	habríamos tenido	(nosotros) tengamos
2 tendríais	habríais tenido	(vosotros) tened
3 tendrían	habrían tenido	(Vds) tengan

SUBJONCTIF

PRESENT	IMPARFAIT	PLUS-QUE-PARFAIT
1 tenga	tuv-iera/iese	hubiera tenido
2 tengas	tuv-ieras/ieses	hubieras tenido
3 tenga	tuv-iera/iese	hubiera tenido
1 tengamos	tuv-iéramos/iésemos	hubiéramos tenido
2 tengáis	tuv-ierais/ieseis	hubierais tenido
3 tengan	tuv-ieran/iesen	hubieran tenido

PAS. COMP. haya tenido *etc.*

INFINITIF	PARTICIPE
PRESENT	**PRESENT**
tener	teniendo
PASSE	**PASSE**
haber tenido	tenido

TERMINAR
finir 189

PRESENT	IMPARFAIT	FUTUR
1 termino	terminaba	terminaré
2 terminas	terminabas	terminarás
3 termina	terminaba	terminará
1 terminamos	terminábamos	terminaremos
2 termináis	terminabais	terminaréis
3 terminan	terminaban	terminarán

PASSE SIMPLE	PASSE COMPOSE	PLUS-QUE-PARFAIT
1 terminé	he terminado	había terminado
2 terminaste	has terminado	habías terminado
3 terminó	ha terminado	había terminado
1 terminamos	hemos terminado	habíamos terminado
2 terminasteis	habéis terminado	habíais terminado
3 terminaron	han terminado	habían terminado

PASSE ANTERIEUR

hube terminado *etc.*

FUTUR ANTERIEUR

habré terminado *etc.*

CONDITIONNEL

PRESENT	PASSE	*IMPERATIF*
1 terminaría	habría terminado	
2 terminarías	habrías terminado	(tú) termina
3 terminaría	habría terminado	(Vd) termine
1 terminaríamos	habríamos terminado	(nosotros) terminemos
2 terminaríais	habríais terminado	(vosotros) terminad
3 terminarían	habrían terminado	(Vds) terminen

SUBJONCTIF

PRESENT	IMPARFAIT	PLUS-QUE-PARFAIT
1 termine	termin-ara/ase	hubiera terminado
2 termines	termin-aras/ases	hubieras terminado
3 termine	termin-ara/ase	hubiera terminado
1 terminemos	termin-áramos/ásemos	hubiéramos terminado
2 terminéis	termin-arais/aseis	hubierais terminado
3 terminen	termin-aran/asen	hubieran terminado

PAS. COMP. haya terminado *etc.*

INFINITIF	*PARTICIPE*
PRESENT	**PRESENT**
terminar	terminando
PASSE	**PASSE**
haber terminado	terminado

190 TOCAR
toucher

	PRESENT	IMPARFAIT	FUTUR
1	toco	tocaba	tocaré
2	tocas	tocabas	tocarás
3	toca	tocaba	tocará
1	tocamos	tocábamos	tocaremos
2	tocáis	tocabais	tocaréis
3	tocan	tocaban	tocarán

	PASSE SIMPLE	PASSE COMPOSE	PLUS-QUE-PARFAIT
1	toqué	he tocado	había tocado
2	tocaste	has tocado	habías tocado
3	tocó	ha tocado	había tocado
1	tocamos	hemos tocado	habíamos tocado
2	tocasteis	habéis tocado	habíais tocado
3	tocaron	han tocado	habían tocado

PASSE ANTERIEUR

hube tocado *etc.*

FUTUR ANTERIEUR

habré tocado *etc.*

CONDITIONNEL

	PRESENT	PASSE	*IMPERATIF*
1	tocaría	habría tocado	
2	tocarías	habrías tocado	(tú) toca
3	tocaría	habría tocado	(Vd) toque
1	tocaríamos	habríamos tocado	(nosotros) toquemos
2	tocaríais	habríais tocado	(vosotros) tocad
3	tocarían	habrían tocado	(Vds) toquen

SUBJONCTIF

	PRESENT	IMPARFAIT	PLUS-QUE-PARFAIT
1	toque	toc-ara/ase	hubiera tocado
2	toques	toc-aras/ases	hubieras tocado
3	toque	toc-ara/ase	hubiera tocado
1	toquemos	toc-áramos/ásemos	hubiéramos tocado
2	toquéis	toc-arais/aseis	hubierais tocado
3	toquen	toc-aran/asen	hubieran tocado

PAS. COMP. haya tocado *etc.*

INFINITIF	*PARTICIPE*
PRESENT	**PRESENT**
tocar	tocando
PASSE	**PASSE**
haber tocado	tocado

TOMAR 191
prendre

PRESENT	**IMPARFAIT**	**FUTUR**
1 tomo	tomaba	tomaré
2 tomas	tomabas	tomarás
3 toma	tomaba	tomará
1 tomamos	tomábamos	tomaremos
2 tomáis	tomabais	tomaréis
3 toman	tomaban	tomarán

PASSE SIMPLE	**PASSE COMPOSE**	**PLUS-QUE-PARFAIT**
1 tomé	he tomado	había tomado
2 tomaste	has tomado	habías tomado
3 tomó	ha tomado	había tomado
1 tomamos	hemos tomado	habíamos tomado
2 tomasteis	habéis tomado	habíais tomado
3 tomaron	han tomado	habían tomado

PASSE ANTERIEUR
hube tomado *etc.*

FUTUR ANTERIEUR
habré tomado *etc.*

CONDITIONNEL

PRESENT	**PASSE**	*IMPERATIF*
1 tomaría	habría tomado	
2 tomarías	habrías tomado	(tú) toma
3 tomaría	habría tomado	(Vd) tome
1 tomaríamos	habríamos tomado	(nosotros) tomemos
2 tomaríais	habríais tomado	(vosotros) tomad
3 tomarían	habrían tomado	(Vds) tomen

SUBJONCTIF

PRESENT	**IMPARFAIT**	**PLUS-QUE-PARFAIT**
1 tome	tom-ara/ase	hubiera tomado
2 tomes	tom-aras/ases	hubieras tomado
3 tome	tom-ara/ase	hubiera tomado
1 tomemos	tom-áramos/ásemos	hubiéramos tomado
2 toméis	tom-arais/aseis	hubierais tomado
3 tomen	tom-aran/asen	hubieran tomado

PAS. COMP. haya tomado *etc.*

INFINITIF	*PARTICIPE*
PRESENT	**PRESENT**
tomar	tomando
PASSE	**PASSE**
haber tomado	tomado

192 TORCER
tordre, dévier

	PRESENT	IMPARFAIT	FUTUR
1	tuerzo	torcía	torceré
2	tuerces	torcías	torcerás
3	tuerce	torcía	torcerá
1	torcemos	torcíamos	torceremos
2	torcéis	torcíais	torceréis
3	tuercen	torcían	torcerán

	PASSE SIMPLE	PASSE COMPOSE	PLUS-QUE-PARFAIT
1	torcí	he torcido	había torcido
2	torciste	has torcido	habías torcido
3	torció	ha torcido	había torcido
1	torcimos	hemos torcido	habíamos torcido
2	torcisteis	habéis torcido	habíais torcido
3	torcieron	han torcido	habían torcido

PASSE ANTERIEUR
hube torcido *etc.*

FUTUR ANTERIEUR
habré torcido *etc.*

CONDITIONNEL

	PRESENT	PASSE	IMPERATIF
1	torcería	habría torcido	
2	torcerías	habrías torcido	(tú) tuerce
3	torcería	habría torcido	(Vd) tuerza
1	torceríamos	habríamos torcido	(nosotros) torzamos
2	torceríais	habríais torcido	(vosotros) torced
3	torcerían	habrían torcido	(Vds) tuerzan

SUBJONCTIF

	PRESENT	IMPARFAIT	PLUS-QUE-PARFAIT
1	tuerza	torc-iera/iese	hubiera torcido
2	tuerzas	torc-ieras/ieses	hubieras torcido
3	tuerza	torc-iera/iese	hubiera torcido
1	torzamos	torc-iéramos/iésemos	hubiéramos torcido
2	torzáis	torc-ierais/ieseis	hubierais torcido
3	tuerzan	torc-ieran/iesen	hubieran torcido

PAS. COMP. haya torcido *etc.*

INFINITIF	PARTICIPE
PRESENT	**PRESENT**
torcer	torciendo
PASSE	**PASSE**
haber torcido	torcido

TOSER 193
tousser

	PRESENT	IMPARFAIT	FUTUR
1	toso	tosía	toseré
2	toses	tosías	toserás
3	tose	tosía	toserá
1	tosemos	tosíamos	toseremos
2	toséis	tosíais	toseréis
3	tosen	tosían	toserán

	PASSE SIMPLE	PASSE COMPOSE	PLUS-QUE-PARFAIT
1	tosí	he tosido	había tosido
2	tosiste	has tosido	habías tosido
3	tosió	ha tosido	había tosido
1	tosimos	hemos tosido	habíamos tosido
2	tosisteis	habéis tosido	habíais tosido
3	tosieron	han tosido	habían tosido

PASSE ANTERIEUR
hube tosido *etc.*

FUTUR ANTERIEUR
habré tosido *etc.*

CONDITIONNEL

	PRESENT	PASSE	IMPERATIF
1	tosería	habría tosido	
2	toserías	habrías tosido	
3	tosería	habría tosido	(tú) tose
			(Vd) tosa
1	toseríamos	habríamos tosido	(nosotros) tosamos
2	toseríais	habríais tosido	(vosotros) tosed
3	toserían	habrían tosido	(Vds) tosan

SUBJONCTIF

	PRESENT	IMPARFAIT	PLUS-QUE-PARFAIT
1	tosa	tos-iera/iese	hubiera tosido
2	tosas	tos-ieras/ieses	hubieras tosido
3	tosa	tos-iera/iese	hubiera tosido
1	tosamos	tos-iéramos/iésemos	hubiéramos tosido
2	tosáis	tos-ierais/ieseis	hubierais tosido
3	tosan	tos-ieran/iesen	hubieran tosido

PAS. COMP. haya tosido *etc.*

INFINITIF
PRESENT
toser

PASSE
haber tosido

PARTICIPE
PRESENT
tosiendo

PASSE
tosido

194 TRABAJAR
travailler

	PRESENT	IMPARFAIT	FUTUR
1	trabajo	trabajaba	trabajaré
2	trabajas	trabajabas	trabajarás
3	trabaja	trabajaba	trabajará
1	trabajamos	trabajábamos	trabajaremos
2	trabajáis	trabajabais	trabajaréis
3	trabajan	trabajaban	trabajarán

	PASSE SIMPLE	PASSE COMPOSE	PLUS-QUE-PARFAIT
1	trabajé	he trabajado	había trabajado
2	trabajaste	has trabajado	habías trabajado
3	trabajó	ha trabajado	había trabajado
1	trabajamos	hemos trabajado	habíamos trabajado
2	trabajasteis	habéis trabajado	habíais trabajado
3	trabajaron	han trabajado	habían trabajado

PASSE ANTERIEUR
hube trabajado *etc*.

FUTUR ANTERIEUR
habré trabajado *etc*.

CONDITIONNEL

	PRESENT	PASSE	IMPERATIF
1	trabajaría	habría trabajado	
2	trabajarías	habrías trabajado	(tú) trabaja
3	trabajaría	habría trabajado	(Vd) trabaje
1	trabajaríamos	habríamos trabajado	(nosotros) trabajemos
2	trabajaríais	habríais trabajado	(vosotros) trabajad
3	trabajarían	habrían trabajado	(Vds) trabajen

SUBJONCTIF

	PRESENT	IMPARFAIT	PLUS-QUE-PARFAIT
1	trabaje	trabaj-ara/ase	hubiera trabajado
2	trabajes	trabaj-aras/ases	hubieras trabajado
3	trabaje	trabaj-ara/ase	hubiera trabajado
1	trabajemos	trabaj-áramos/ásemos	hubiéramos trabajado
2	trabajéis	trabaj-arais/aseis	hubierais trabajado
3	trabajen	trabaj-aran/asen	hubieran trabajado

PAS. COMP. haya trabajado *etc*.

INFINITIF	PARTICIPE
PRESENT	**PRESENT**
trabajar	trabajando
PASSE	**PASSE**
haber trabajado	trabajado

TRADUCIR 195
traduire

PRESENT	IMPARFAIT	FUTUR
1 traduzco	traducía	traduciré
2 traduces	traducías	traducirás
3 traduce	traducía	traducirá
1 traducimos	traducíamos	traduciremos
2 traducís	traducíais	traduciréis
3 traducen	traducían	traducirán

PASSE SIMPLE	PASSE COMPOSE	PLUS-QUE-PARFAIT
1 traduje	he traducido	había traducido
2 tradujiste	has traducido	habías traducido
3 tradujo	ha traducido	había traducido
1 tradujimos	hemos traducido	habíamos traducido
2 tradujisteis	habéis traducido	habíais traducido
3 tradujeron	han traducido	habían traducido

PASSE ANTERIEUR

hube traducido *etc.*

FUTUR ANTERIEUR

habré traducido *etc.*

CONDITIONNEL

PRESENT	PASSE	*IMPERATIF*
1 traduciría	habría traducido	
2 traducirías	habrías traducido	(tú) traduce
3 traduciría	habría traducido	(Vd) traduzca
1 traduciríamos	habríamos traducido	(nosotros) traduzcamos
2 traduciríais	habríais traducido	(vosotros) traducid
3 traducirían	habrían traducido	(Vds) traduzcan

SUBJONCTIF

PRESENT	IMPARFAIT	PLUS-QUE-PARFAIT
1 traduzca	traduj-era/ese	hubiera traducido
2 traduzcas	traduj-eras/eses	hubieras traducido
3 traduzca	traduj-era/ese	hubiera traducido
1 traduzcamos	traduj-éramos/ésemos	hubiéramos traducido
2 traduzcáis	traduj-erais/eseis	hubierais traducido
3 traduzcan	traduj-eran/esen	hubieran traducido

PAS. COMP. haya traducido *etc.*

INFINITIF	*PARTICIPE*
PRESENT	**PRESENT**
traducir	traduciendo
PASSE	**PASSE**
haber traducido	traducido

196 TRAER
apporter, attirer

PRESENT	IMPARFAIT	FUTUR
1 traigo	traía	traeré
2 traes	traías	traerás
3 trae	traía	traerá
1 traemos	traíamos	traeremos
2 traéis	traíais	traeréis
3 traen	traían	traerán

PASSE SIMPLE	PASSE COMPOSE	PLUS-QUE-PARFAIT
1 traje	he traído	había traído
2 trajiste	has traído	habías traído
3 trajo	ha traído	había traído
1 trajimos	hemos traído	habíamos traído
2 trajisteis	habéis traído	habíais traído
3 trajeron	han traído	habían traído

PASSE ANTERIEUR

hube traído *etc.*

FUTUR ANTERIEUR

habré traído *etc.*

CONDITIONNEL

PRESENT	PASSE	IMPERATIF
1 traería	habría traído	
2 traerías	habrías traído	(tú) trae
3 traería	habría traído	(Vd) traiga
1 traeríamos	habríamos traído	(nosotros) traigamos
2 traeríais	habríais traído	(vosotros) traed
3 traerían	habrían traído	(Vds) traigan

SUBJONCTIF

PRESENT	IMPARFAIT	PLUS-QUE-PARFAIT
1 traiga	traj-era/ese	hubiera traído
2 traigas	traj-eras/eses	hubieras traído
3 traiga	traj-era/ese	hubiera traído
1 traigamos	traj-éramos/ésemos	hubiéramos traído
2 traigáis	traj-erais/eseis	hubierais traído
3 traigan	traj-eran/esen	hubieran traído

PAS. COMP. haya traído *etc.*

INFINITIF	PARTICIPE
PRESENT	PRESENT
traer	trayendo
PASSE	PASSE
haber traído	traído

TRONAR 197
tonner

PRESENT	IMPARFAIT	FUTUR
3 truena	tronaba	tronará

PASSE SIMPLE	PASSE COMPOSE	PLUS-QUE-PARFAIT
3 tronó	ha tronado	había tronado

PASSE ANTERIEUR
hubo tronado

FUTUR ANTERIEUR
habrá tronado

CONDITIONNEL
PRESENT	PASSE	*IMPERATIF*
3 tronaría	habría tronado	

SUBJONCTIF
PRESENT	IMPARFAIT	PLUS-QUE-PARFAIT
3 truene	tron-ara/ase	hubiera tronado

PAS. COMP. haya tronado

INFINITIF	*PARTICIPE*
PRESENT	**PRESENT**
tronar	tronando
PASSE	**PASSE**
haber tronado	tronado

198 TROPEZAR
trébucher

	PRESENT	**IMPARFAIT**	**FUTUR**
1	tropiezo	tropezaba	tropezaré
2	tropiezas	tropezabas	tropezarás
3	tropieza	tropezaba	tropezará
1	tropezamos	tropezábamos	tropezaremos
2	tropezáis	tropezabais	tropezaréis
3	tropiezan	tropezaban	tropezarán

	PASSE SIMPLE	**PASSE COMPOSE**	**PLUS-QUE-PARFAIT**
1	tropecé	he tropezado	había tropezado
2	tropezaste	has tropezado	habías tropezado
3	tropezó	ha tropezado	había tropezado
1	tropezamos	hemos tropezado	habíamos tropezado
2	tropezasteis	habéis tropezado	habíais tropezado
3	tropezaron	han tropezado	habían tropezado

PASSE ANTERIEUR

hube tropezado *etc.*

FUTUR ANTERIEUR

habré tropezado *etc.*

CONDITIONNEL

	PRESENT	**PASSE**	*IMPERATIF*
1	tropezaría	habría tropezado	
2	tropezarías	habrías tropezado	(tú) tropieza
3	tropezaría	habría tropezado	(Vd) tropiece
1	tropezaríamos	habríamos tropezado	(nosotros) tropecemos
2	tropezaríais	habríais tropezado	(vosotros) tropezad
3	tropezarían	habrían tropezado	(Vds) tropiecen

SUBJONCTIF

	PRESENT	**IMPARFAIT**	**PLUS-QUE-PARFAIT**
1	tropiece	tropez-ara/ase	hubiera tropezado
2	tropieces	tropez-aras/ases	hubieras tropezado
3	tropiece	tropez-ara/ase	hubiera tropezado
1	tropecemos	tropez-áramos/ásemos	hubiéramos tropezado
2	tropecéis	tropez-arais/aseis	hubierais tropezado
3	tropiecen	tropez-aran/asen	hubieran tropezado

PAS. COMP. haya tropezado *etc.*

INFINITIF	*PARTICIPE*
PRESENT	**PRESENT**
tropezar	tropezando
PASSE	**PASSE**
haber tropezado	tropezado

VACIAR 199
vider

PRESENT	IMPARFAIT	FUTUR
1 vacío	vaciaba	vaciaré
2 vacías	vaciabas	vaciarás
3 vacía	vaciaba	vaciará
1 vaciamos	vaciábamos	vaciaremos
2 vaciáis	vaciabais	vaciaréis
3 vacían	vaciaban	vaciarán

PASSE SIMPLE	PASSE COMPOSE	PLUS-QUE-PARFAIT
1 vacié	he vaciado	había vaciado
2 vaciaste	has vaciado	habías vaciado
3 vació	ha vaciado	había vaciado
1 vaciamos	hemos vaciado	habíamos vaciado
2 vaciasteis	habéis vaciado	habíais vaciado
3 vaciaron	han vaciado	habían vaciado

PASSE ANTERIEUR

hube vaciado *etc.*

FUTUR ANTERIEUR

habré vaciado *etc.*

CONDITIONNEL
IMPERATIF

PRESENT	PASSE	
1 vaciaría	habría vaciado	
2 vaciarías	habrías vaciado	(tú) vacía
3 vaciaría	habría vaciado	(Vd) vacíe
1 vaciaríamos	habríamos vaciado	(nosotros) vaciemos
2 vaciaríais	habríais vaciado	(vosotros) vaciad
3 vaciarían	habrían vaciado	(Vds) vacíen

SUBJONCTIF

PRESENT	IMPARFAIT	PLUS-QUE-PARFAIT
1 vacíe	vaci-ara/ase	hubiera vaciado
2 vacíes	vaci-aras/ases	hubieras vaciado
3 vacíe	vaci-ara/ase	hubiera vaciado
1 vaciemos	vaci-áramos/ásemos	hubiéramos vaciado
2 vaciéis	vaci-arais/aseis	hubierais vaciado
3 vacíen	vaci-aran/asen	hubieran vaciado

PAS. COMP. haya vaciado *etc.*

INFINITIF	PARTICIPE
PRESENT	PRESENT
vaciar	vaciando
PASSE	PASSE
haber vaciado	vaciado

200 VALER
valoir

	PRESENT	IMPARFAIT	FUTUR
1	valgo	valía	valdré
2	vales	valías	valdrás
3	vale	valía	valdrá
1	valemos	valíamos	valdremos
2	valéis	valíais	valdréis
3	valen	valían	valdrán

	PASSE SIMPLE	PASSE COMPOSE	PLUS-QUE-PARFAIT
1	valí	he valido	había valido
2	valiste	has valido	habías valido
3	valió	ha valido	había valido
1	valimos	hemos valido	habíamos valido
2	valisteis	habéis valido	habíais valido
3	valieron	han valido	habían valido

PASSE ANTERIEUR
hube valido *etc.*

FUTUR ANTERIEUR
habré valido *etc.*

CONDITIONNEL

	PRESENT	PASSE	*IMPERATIF*
1	valdría	habría valido	
2	valdrías	habrías valido	(tú) vale
3	valdría	habría valido	(Vd) valga
1	valdríamos	habríamos valido	(nosotros) valgamos
2	valdríais	habríais valido	(vosotros) valed
3	valdrían	habrían valido	(Vds) valgan

SUBJONCTIF

	PRESENT	IMPARFAIT	PLUS-QUE-PARFAIT
1	valga	val-iera/iese	hubiera valido
2	valgas	val-ieras/ieses	hubieras valido
3	valga	val-iera/iese	hubiera valido
1	valgamos	val-iéramos/iésemos	hubiéramos valido
2	valgáis	val-ierais/ieseis	hubierais valido
3	valgan	val-ieran/iesen	hubieran valido

PAS. COMP. haya valido *etc.*

INFINITIF	*PARTICIPE*
PRESENT	**PRESENT**
valer	valiendo
PASSE	**PASSE**
haber valido	valido

VENCER
vaincre, l'emporter sur **201**

	PRESENT	IMPARFAIT	FUTUR
1	venzo	vencía	venceré
2	vences	vencías	vencerás
3	vence	vencía	vencerá
1	vencemos	vencíamos	venceremos
2	vencéis	vencíais	venceréis
3	vencen	vencían	vencerán

	PASSE SIMPLE	PASSE COMPOSE	PLUS-QUE-PARFAIT
1	vencí	he vencido	había vencido
2	venciste	has vencido	habías vencido
3	venció	ha vencido	había vencido
1	vencimos	hemos vencido	habíamos vencido
2	vencisteis	habéis vencido	habíais vencido
3	vencieron	han vencido	habían vencido

PASSE ANTERIEUR

hube vencido *etc.*

FUTUR ANTERIEUR

habré vencido *etc.*

CONDITIONNEL
PRESENT / PASSE / *IMPERATIF*

	PRESENT	PASSE	IMPERATIF
1	vencería	habría vencido	
2	vencerías	habrías vencido	(tú) vence
3	vencería	habría vencido	(Vd) venza
1	venceríamos	habríamos vencido	(nosotros) venzamos
2	venceríais	habríais vencido	(vosotros) venced
3	vencerían	habrían vencido	(Vds) venzan

SUBJONCTIF

	PRESENT	IMPARFAIT	PLUS-QUE-PARFAIT
1	venza	venc-iera/iese	hubiera vencido
2	venzas	venc-ieras/ieses	hubieras vencido
3	venza	venc-iera/iese	hubiera vencido
1	venzamos	venc-iéramos/iésemos	hubiéramos vencido
2	venzáis	venc-ierais/ieseis	hubierais vencido
3	venzan	venc-ieran/iesen	hubieran vencido

PAS. COMP. haya vencido *etc.*

INFINITIF	*PARTICIPE*
PRESENT	**PRESENT**
vencer	venciendo
PASSE	**PASSE**
haber vencido	vencido

202 VENDER
vendre

	PRESENT	IMPARFAIT	FUTUR
1	vendo	vendía	venderé
2	vendes	vendías	venderás
3	vende	vendía	venderá
1	vendemos	vendíamos	venderemos
2	vendéis	vendíais	venderéis
3	venden	vendían	venderán

	PASSE SIMPLE	PASSE COMPOSE	PLUS-QUE-PARFAIT
1	vendí	he vendido	había vendido
2	vendiste	has vendido	habías vendido
3	vendió	ha vendido	había vendido
1	vendimos	hemos vendido	habíamos vendido
2	vendisteis	habéis vendido	habíais vendido
3	vendieron	han vendido	habían vendido

PASSE ANTERIEUR

hube vendido *etc.*

FUTUR ANTERIEUR

habré vendido *etc.*

CONDITIONNEL

	PRESENT	PASSE	IMPERATIF
1	vendería	habría vendido	
2	venderías	habrías vendido	(tú) vende
3	vendería	habría vendido	(Vd) venda
1	venderíamos	habríamos vendido	(nosotros) vendamos
2	venderíais	habríais vendido	(vosotros) vended
3	venderían	habrían vendido	(Vds) vendan

SUBJONCTIF

	PRESENT	IMPARFAIT	PLUS-QUE-PARFAIT
1	venda	vend-iera/iese	hubiera vendido
2	vendas	vend-ieras/ieses	hubieras vendido
3	venda	vend-iera/iese	hubiera vendido
1	vendamos	vend-iéramos/iésemos	hubiéramos vendido
2	vendáis	vend-ierais/ieseis	hubierais vendido
3	vendan	vend-ieran/iesen	hubieran vendido

PAS. COMP. haya vendido *etc.*

INFINITIF
PRESENT
vender

PASSE
haber vendido

PARTICIPE
PRESENT
vendiendo

PASSE
vendido

VENIR 203
venir

PRESENT	**IMPARFAIT**	**FUTUR**
1 vengo	venía	vendré
2 vienes	venías	vendrás
3 viene	venía	vendrá
1 venimos	veníamos	vendremos
2 venís	veníais	vendréis
3 vienen	venían	vendrán

PASSE SIMPLE	**PASSE COMPOSE**	**PLUS-QUE-PARFAIT**
1 vine	he venido	había venido
2 viniste	has venido	habías venido
3 vino	ha venido	había venido
1 vinimos	hemos venido	habíamos venido
2 vinisteis	habéis venido	habíais venido
3 vinieron	han venido	habían venido

PASSE ANTERIEUR
hube venido *etc.*

FUTUR ANTERIEUR
habré venido *etc.*

CONDITIONNEL

PRESENT	**PASSE**	*IMPERATIF*
1 vendría	habría venido	
2 vendrías	habrías venido	
3 vendría	habría venido	(tú) ven
1 vendríamos	habríamos venido	(Vd) venga
2 vendríais	habríais venido	(nosotros) vengamos
3 vendrían	habrían venido	(vosotros) venid
		(Vds) vengan

SUBJONCTIF

PRESENT	**IMPARFAIT**	**PLUS-QUE-PARFAIT**
1 venga	vin-iera/iese	hubiera venido
2 vengas	vin-ieras/ieses	hubieras venido
3 venga	vin-iera/iese	hubiera venido
1 vengamos	vin-iéramos/iésemos	hubiéramos venido
2 vengáis	vin-ierais/ieseis	hubierais venido
3 vengan	vin-ieran/iesen	hubieran venido

PAS. COMP. haya venido *etc.*

INFINITIF	*PARTICIPE*
PRESENT	**PRESENT**
venir	viniendo
PASSE	**PASSE**
haber venido	venido

204 VER
voir

	PRESENT	IMPARFAIT	FUTUR
1	veo	veía	veré
2	ves	veías	verás
3	ve	veía	verá
1	vemos	veíamos	veremos
2	veis	veíais	veréis
3	ven	veían	verán

	PASSE SIMPLE	PASSE COMPOSE	PLUS-QUE-PARFAIT
1	vi	he visto	había visto
2	viste	has visto	habías visto
3	vio	ha visto	había visto
1	vimos	hemos visto	habíamos visto
2	visteis	habéis visto	habíais visto
3	vieron	han visto	habían visto

PASSE ANTERIEUR
hube visto *etc.*

FUTUR ANTERIEUR
habré visto *etc.*

CONDITIONNEL

	PRESENT	PASSE	IMPERATIF
1	vería	habría visto	
2	verías	habrías visto	(tú) ve
3	vería	habría visto	(Vd) vea
1	veríamos	habríamos visto	(nosotros) veamos
2	veríais	habríais visto	(vosotros) ved
3	verían	habrían visto	(Vds) vean

SUBJONCTIF

	PRESENT	IMPARFAIT	PLUS-QUE-PARFAIT
1	vea	v-iera/iese	hubiera visto
2	veas	v-ieras/ieses	hubieras visto
3	vea	v-iera/iese	hubiera visto
1	veamos	v-iéramos/iésemos	hubiéramos visto
2	veáis	v-ierais/ieseis	hubierais visto
3	vean	v-ieran/iesen	hubieran visto

PAS. COMP. haya visto *etc.*

INFINITIF	PARTICIPE
PRESENT	**PRESENT**
ver	viendo
PASSE	**PASSE**
haber visto	visto

VESTIRSE
s'habiller **205**

PRESENT
1 me visto
2 te vistes
3 se viste
1 nos vestimos
2 os vestís
3 se visten

IMPARFAIT
me vestía
te vestías
se vestía
nos vestíamos
os vestíais
se vestían

FUTUR
me vestiré
te vestirás
se vestirá
nos vestiremos
os vestiréis
se vestirán

PASSE SIMPLE
1 me vestí
2 te vestiste
3 se vistió
1 nos vestimos
2 os vestisteis
3 se vistieron

PASSE COMPOSE
me he vestido
te has vestido
se ha vestido
nos hemos vestido
os habéis vestido
se han vestido

PLUS-QUE-PARFAIT
me había vestido
te habías vestido
se había vestido
nos habíamos vestido
os habíais vestido
se habían vestido

PASSE ANTERIEUR
me hube vestido *etc.*

FUTUR ANTERIEUR
me habré vestido *etc.*

CONDITIONNEL
PRESENT
1 me vestiría
2 te vestirías
3 se vestiría
1 nos vestiríamos
2 os vestiríais
3 se vestirían

PASSE
me habría vestido
te habrías vestido
se habría vestido
nos habríamos vestido
os habríais vestido
se habrían vestido

IMPERATIF

(tú) vístete
(Vd) vístase
(nosotros) vistámonos
(vosotros) vestíos
(Vds) vístanse

SUBJONCTIF
PRESENT
1 me vista
2 te vistas
3 se vista
1 nos vistamos
2 os vistáis
3 se vistan

IMPARFAIT
me vist-iera/iese
te vist-ieras/ieses
se vist-iera/iese
nos vist-iéramos/iésemos
os vist-ierais/ieseis
se vist-ieran/iesen

PLUS-QUE-PARFAIT
me hubiera vestido
te hubieras vestido
se hubiera vestido
nos hubiéramos vestido
os hubierais vestido
se hubieran vestido

PAS. COMP. me haya vestido *etc.*

INFINITIF
PRESENT
vestirse

PASSE
haberse vestido

PARTICIPE
PRESENT
vistiéndose

PASSE
vestido

206 VIAJAR
voyager

PRESENT	IMPARFAIT	FUTUR
1 viajo	viajaba	viajaré
2 viajas	viajabas	viajarás
3 viaja	viajaba	viajará
1 viajamos	viajábamos	viajaremos
2 viajáis	viajabais	viajaréis
3 viajan	viajaban	viajarán

PASSE SIMPLE	PASSE COMPOSE	PLUS-QUE-PARFAIT
1 viajé	he viajado	había viajado
2 viajaste	has viajado	habías viajado
3 viajó	ha viajado	había viajado
1 viajamos	hemos viajado	habíamos viajado
2 viajasteis	habéis viajado	habíais viajado
3 viajaron	han viajado	habían viajado

PASSE ANTERIEUR
hube viajado *etc*.

FUTUR ANTERIEUR
habré viajado *etc*.

CONDITIONNEL

PRESENT	PASSE	*IMPERATIF*
1 viajaría	habría viajado	
2 viajarías	habrías viajado	(tú) viaja
3 viajaría	habría viajado	(Vd) viaje
1 viajaríamos	habríamos viajado	(nosotros) viajemos
2 viajaríais	habríais viajado	(vosotros) viajad
3 viajarían	habrían viajado	(Vds) viajen

SUBJONCTIF

PRESENT	IMPARFAIT	PLUS-QUE-PARFAIT
1 viaje	viaj-ara/ase	hubiera viajado
2 viajes	viaj-aras/ases	hubieras viajado
3 viaje	viaj-ara/ase	hubiera viajado
1 viajemos	viaj-áramos/ásemos	hubiéramos viajado
2 viajéis	viaj-arais/aseis	hubierais viajado
3 viajen	viaj-aran/asen	hubieran viajado

PAS. COMP. haya viajado *etc*.

INFINITIF	*PARTICIPE*
PRESENT	PRESENT
viajar	viajando
PASSE	PASSE
haber viajado	viajado

VIVIR
vivre

PRESENT	IMPARFAIT	FUTUR
1 vivo	vivía	viviré
2 vives	vivías	vivirás
3 vive	vivía	vivirá
1 vivimos	vivíamos	viviremos
2 vivís	vivíais	viviréis
3 viven	vivían	vivirán

PASSE SIMPLE	PASSE COMPOSE	PLUS-QUE-PARFAIT
1 viví	he vivido	había vivido
2 viviste	has vivido	habías vivido
3 vivió	ha vivido	había vivido
1 vivimos	hemos vivido	habíamos vivido
2 vivisteis	habéis vivido	habíais vivido
3 vivieron	han vivido	habían vivido

PASSE ANTERIEUR

hube vivido *etc.*

FUTUR ANTERIEUR

habré vivido *etc.*

CONDITIONNEL

PRESENT	PASSE	*IMPERATIF*
1 viviría	habría vivido	
2 vivirías	habrías vivido	
3 viviría	habría vivido	(tú) vive
		(Vd) viva
1 viviríamos	habríamos vivido	(nosotros) vivamos
2 viviríais	habríais vivido	(vosotros) vivid
3 vivirían	habrían vivido	(Vds) vivan

SUBJONCTIF

PRESENT	IMPARFAIT	PLUS-QUE-PARFAIT
1 viva	viv-iera/iese	hubiera vivido
2 vivas	viv-ieras/ieses	hubieras vivido
3 viva	viv-iera/iese	hubiera vivido
1 vivamos	viv-iéramos/iésemos	hubiéramos vivido
2 viváis	viv-ierais/ieseis	hubierais vivido
3 vivan	viv-ieran/iesen	hubieran vivido

PAS. COMP. haya vivido *etc.*

INFINITIF	*PARTICIPE*
PRESENT	PRESENT
vivir	viviendo
PASSE	PASSE
haber vivido	vivido

208 VOLAR
voler (en l'air)

	PRESENT	IMPARFAIT	FUTUR
1	vuelo	volaba	volaré
2	vuelas	volabas	volarás
3	vuela	volaba	volará
1	volamos	volábamos	volaremos
2	voláis	volabais	volaréis
3	vuelan	volaban	volarán

	PASSE SIMPLE	PASSE COMPOSE	PLUS-QUE-PARFAIT
1	volé	he volado	había volado
2	volaste	has volado	habías volado
3	voló	ha volado	había volado
1	volamos	hemos volado	habíamos volado
2	volasteis	habéis volado	habíais volado
3	volaron	han volado	habían volado

PASSE ANTERIEUR

hube volado *etc.*

FUTUR ANTERIEUR

habré volado *etc.*

CONDITIONNEL

	PRESENT	PASSE	IMPERATIF
1	volaría	habría volado	
2	volarías	habrías volado	(tú) vuela
3	volaría	habría volado	(Vd) vuele
1	volaríamos	habríamos volado	(nosotros) volemos
2	volaríais	habríais volado	(vosotros) volad
3	volarían	habrían volado	(Vds) vuelen

SUBJONCTIF

	PRESENT	IMPARFAIT	PLUS-QUE-PARFAIT
1	vuele	vol-ara/ase	hubiera volado
2	vueles	vol-aras/ases	hubieras volado
3	vuele	vol-ara/ase	hubiera volado
1	volemos	vol-áramos/ásemos	hubiéramos volado
2	voléis	vol-arais/aseis	hubierais volado
3	vuelen	vol-aran/asen	hubieran volado

PAS. COMP. haya volado *etc.*

INFINITIF	PARTICIPE
PRESENT	**PRESENT**
volar	volando
PASSE	**PASSE**
haber volado	volado

VOLCAR 209
(se) renverser

PRESENT	**IMPARFAIT**	**FUTUR**
1 vuelco	volcaba	volcaré
2 vuelcas	volcabas	volcarás
3 vuelca	volcaba	volcará
1 volcamos	volcábamos	volcaremos
2 volcáis	volcabais	volcaréis
3 vuelcan	volcaban	volcarán

PASSE SIMPLE	**PASSE COMPOSE**	**PLUS-QUE-PARFAIT**
1 volqué	he volcado	había volcado
2 volcaste	has volcado	habías volcado
3 volcó	ha volcado	había volcado
1 volcamos	hemos volcado	habíamos volcado
2 volcasteis	habéis volcado	habíais volcado
3 volcaron	han volcado	habían volcado

PASSE ANTERIEUR

hube volcado *etc.*

FUTUR ANTERIEUR

habré volcado *etc.*

CONDITIONNEL
PRESENT

1 volcaría
2 volcarías
3 volcaría
1 volcaríamos
2 volcaríais
3 volcarían

PASSE

habría volcado
habrías volcado
habría volcado
habríamos volcado
habríais volcado
habrían volcado

IMPERATIF

(tú) vuelca
(Vd) vuelque
(nosotros) volquemos
(vosotros) volcad
(Vds) vuelquen

SUBJONCTIF

PRESENT	**IMPARFAIT**	**PLUS-QUE-PARFAIT**
1 vuelque	volc-ara/ase	hubiera volcado
2 vuelques	volc-aras/ases	hubieras volcado
3 vuelque	volc-ara/ase	hubiera volcado
1 volquemos	volc-áramos/ásemos	hubiéramos volcado
2 volquéis	volc-arais/aseis	hubierais volcado
3 vuelquen	volc-aran/asen	hubieran volcado

PAS. COMP. haya volcado *etc.*

INFINITIF	*PARTICIPE*
PRESENT	**PRESENT**
volcar	volcando
PASSE	**PASSE**
haber volcado	volcado

210 VOLVER
tourner, retourner

PRESENT	IMPARFAIT	FUTUR
1 vuelvo	volvía	volveré
2 vuelves	volvías	volverás
3 vuelve	volvía	volverá
1 volvemos	volvíamos	volveremos
2 volvéis	volvíais	volveréis
3 vuelven	volvían	volverán

PASSE SIMPLE	PASSE COMPOSE	PLUS-QUE-PARFAIT
1 volví	he vuelto	había vuelto
2 volviste	has vuelto	habías vuelto
3 volvió	ha vuelto	había vuelto
1 volvimos	hemos vuelto	habíamos vuelto
2 volvisteis	habéis vuelto	habíais vuelto
3 volvieron	han vuelto	habían vuelto

PASSE ANTERIEUR
hube vuelto *etc.*

FUTUR ANTERIEUR
habré vuelto *etc.*

CONDITIONNEL

PRESENT	PASSE	IMPERATIF
1 volvería	habría vuelto	
2 volverías	habrías vuelto	(tú) vuelve
3 volvería	habría vuelto	(Vd) vuelva
1 volveríamos	habríamos vuelto	(nosotros) volvamos
2 volveríais	habríais vuelto	(vosotros) volved
3 volverían	habrían vuelto	(Vds) vuelvan

SUBJONCTIF

PRESENT	IMPARFAIT	PLUS-QUE-PARFAIT
1 vuelva	volv-iera/iese	hubiera vuelto
2 vuelvas	volv-ieras/ieses	hubieras vuelto
3 vuelva	volv-iera/iese	hubiera vuelto
1 volvamos	volv-iéramos/iésemos	hubiéramos vuelto
2 volváis	volv-ierais/ieseis	hubierais vuelto
3 vuelvan	volv-ieran/iesen	hubieran vuelto

PAS. COMP. haya vuelto *etc.*

INFINITIF	PARTICIPE
PRESENT	**PRESENT**
volver	volviendo
PASSE	**PASSE**
haber vuelto	vuelto

YACER 211
gésir

PRESENT	**IMPARFAIT**	**FUTUR**
1 yazgo/yago/yazco	yacía	yaceré
2 yaces	yacías	yacerás
3 yace	yacía	yacerá
1 yacemos	yacíamos	yaceremos
2 yacéis	yacíais	yaceréis
3 yacen	yacían	yacerán

PASSE SIMPLE	**PASSE COMPOSE**	**PLUS-QUE-PARFAIT**
1 yací	he yacido	había yacido
2 yaciste	has yacido	habías yacido
3 yació	ha yacido	había yacido
1 yacimos	hemos yacido	habíamos yacido
2 yacisteis	habéis yacido	habíais yacido
3 yacieron	han yacido	habían yacido

PASSE ANTERIEUR

hube yacido *etc.*

FUTUR ANTERIEUR

habré yacido *etc.*

CONDITIONNEL

PRESENT	**PASSE**
1 yacería	habría yacido
2 yacerías	habrías yacido
3 yacería	habría yacido
1 yaceríamos	habríamos yacido
2 yaceríais	habríais yacido
3 yacerían	habrían yacido

IMPERATIF

(tú) yace
(Vd) yazga
(nosotros) yazgamos
(vosotros) yaced
(Vds) yazgan

SUBJONCTIF

PRESENT	**IMPARFAIT**	**PLUS-QUE-PARFAIT**
1 yazga	yac-iera/iese	hubiera yacido
2 yazgas	yac-ieras/ieses	hubieras yacido
3 yazga	yac-iera/iese	hubiera yacido
1 yazgamos	yac-iéramos/iésemos	hubiéramos yacido
2 yazgáis	yac-ierais/ieseis	hubierais yacido
3 yazgan	yac-ieran/iesen	hubieran yacido

PAS. COMP. haya yacido *etc.*

INFINITIF	*PARTICIPE*	*N.B.*
PRESENT	**PRESENT**	Au subjonctif présent, on trouve aussi les formes suivantes : yazca/yaga *etc.*
yacer	yaciendo	
PASSE	**PASSE**	
haber yacido	yacido	

212 ZURCIR
raccommoder

	PRESENT	IMPARFAIT	FUTUR
1	zurzo	zurcía	zurciré
2	zurces	zurcías	zurcirás
3	zurce	zurcía	zurcirá
1	zurcimos	zurcíamos	zurciremos
2	zurcís	zurcíais	zurciréis
3	zurcen	zurcían	zurcirán

	PASSE SIMPLE	PASSE COMPOSE	PLUS-QUE-PARFAIT
1	zurcí	he zurcido	había zurcido
2	zurciste	has zurcido	habías zurcido
3	zurció	ha zurcido	había zurcido
1	zurcimos	hemos zurcido	habíamos zurcido
2	zurcisteis	habéis zurcido	habíais zurcido
3	zurcieron	han zurcido	habían zurcido

PASSE ANTERIEUR

hube zurcido *etc.*

FUTUR ANTERIEUR

habré zurcido *etc.*

CONDITIONNEL

	PRESENT	PASSE	IMPERATIF
1	zurciría	habría zurcido	
2	zurcirías	habrías zurcido	(tú) zurce
3	zurciría	habría zurcido	(Vd) zurza
1	zurciríamos	habríamos zurcido	(nosotros) zurzamos
2	zurciríais	habríais zurcido	(vosotros) zurcid
3	zurcirían	habrían zurcido	(Vds) zurzan

SUBJONCTIF

	PRESENT	IMPARFAIT	PLUS-QUE-PARFAIT
1	zurza	zurc-iera/iese	hubiera zurcido
2	zurzas	zurc-ieras/ieses	hubieras zurcido
3	zurza	zurc-iera/iese	hubiera zurcido
1	zurzamos	zurc-iéramos/iésemos	hubiéramos zurcido
2	zurzáis	zurc-ierais/ieseis	hubierais zurcido
3	zurzan	zurc-ieran/iesen	hubieran zurcido

PAS. COMP. haya zurcido *etc.*

INFINITIF	PARTICIPE
PRESENT	**PRESENT**
zurcir	zurciendo
PASSE	**PASSE**
haber zurcido	zurcido

Index

Les verbes dont on a donné toute la conjugaison dans les tableaux précédents peuvent être utilisés comme modèles pour la conjugaison d'autres verbes espagnols que vous trouverez dans cet index. Le chiffre qui suit chaque verbe est le numéro du *tableau de conjugaison* auquel il se réfère.

Cet index comporte aussi les formes des verbes irréguliers. Chacune d'elles est suivie de son infinitif.

On se réfère à un verbe modèle pour tous les verbes de cet index à chaque fois que cela est possible. Ainsi la plupart des verbes réfléchis auront pour modèle un verbe réfléchi. Cependant si ce verbe modèle n'est pas réfléchi, il suffit de lui ajouter un pronom réfléchi.

Les verbes en **caractères gras** sont les verbes donnés comme modèles.

Le verbe suivi d'un a entre parenthèses (a), à la différence du verbe modèle, perd le *i* non accentué après *ñ*, aux troisièmes personnes du singulier et du pluriel au passé simple, ainsi qu'au subjonctif imparfait.

Le verbe suivi d'un b entre parenthèses (b), à la différence du verbe modèle, a un *ú* accentué comme le verbe 164.

INDEX

abalanzar 12
abandonar 1
abanicar 23
abaratar 112
abarcar 23
abarrotar 112
abastecer 60
abatir 207
abdicar 23
abierto *voir* abrir
ablandar 112
abochornar 112
abofetear 147
abolir 2
abollar 112
abominar 112
abonar 112
abordar 112
aborrecer 3
abortar 112
abotonar 112
abrasar 112
abrazar 62
abreviar 17
abrigar 38
abrir 4
abrochar 112
abrumar 112
absolver 210
absorver 45
abstenerse 188
abstraer 196
abultar 112
abundar 112
aburrir 207
abusar 112
acabar 5
acalorarse 32
acampar 112
acaparar 112
acariciar 17
acarrear 147
acatar 112
acatararse 32
acaudalar 112
acaudillar 112

acceder 45
accionar 112
aceitar 112
acelerar 112
acentuar 6
aceptar 112
acercarse 7
acertar 149
acicalar 112
aclamar 112
aclarar 112
aclimatar 112
acobardar 112
acoger 42
acolchar 112
acometer 45
acomodar 112
acompañar 112
acomplejar 31
acondicionar 112
aconsejar 31
acontecer 60
acoplar 112
acordarse 8
acorralar 112
acortar 112
acosar 112
acostarse 8
acostumbrar 112
acrecentar 149
acreditar 112
acribillar 112
activar 112
actualizar 62
actuar 6
acuciar 17
acudir 207
acuerdo *voir*
   acordarse
acumular 112
acunar 112
acuñar 112
acurrucar 112
acusar 112
achacar 174
achicar 174

achicharrar 112
adaptar 112
adecuar 112
adelantar 112
adelgazar 62
adeudar 112
adherir 116
adiestrar 112
adivinar 112
adjudicar 174
adjuntar 112
administrar 112
admirar 112
admitir 207
adoptar 112
adorar 112
adormecer 60
adornar 112
adosar 112
adquiero *voir* adquirir
adquirir 9
adscribir 99
aducir 195
adueñarse 32
adular 112
adulterar 112
advertir 180
afear 147
afectar 112
afeitar 112
aferrar 112
afianzar 62
aficionar 112
afilar 112
afiliar 17
afinar 112
afirmar 112
afligir 76
aflojar 31
afrentar 112
afrontar 112
agachar 112
agarrar 112
agarrotar 112
agasajar 31
agitar 112

INDEX

aglomerarse 32
agobiar 17
agolparse 32
agonizar 62
agorar 10
agotar 112
agradar 112
agradecer 11
agrandar 112
agravar 112
agraviar 17
agredir 207
agregar 38
agriar 95
agrietarse 32
agrupar 112
aguantar 112
aguardar 112
aguijonear 147
agujerear 147
ahogar 38
ahorcar 174
ahorrar 112
ahuecar 174
ahumar 112
ahuyentar 112
airear 147
aislar 95
ajar 112
ajustar 112
ajusticiar 112
alabar 112
alardear 147
alargar 38
albergar 38
alborotar 112
alcanzar 12
aleccionar 112
alegar 38
alegrar 112
alejar 112
alentar 149
aletargar 38
alfombrar 112
aliarse 95
aligerar 112

alimentar 112
alinear 147
aliñar 112
alisar 112
alistar 112
aliviar 112
almacenar 112
almidonar 112
almorzar 13
alojar 112
alquilar 112
alterar 112
alternar 112
alucinar 112
aludir 207
alumbrar 112
alunizar 62
alzar 62
allanar 112
amaestrar 112
amainar 112
amalgamar 112
amamantar 112
amanecer 14
amansar 112
amar 112
amargar 38
amarrar 112
amartillar 112
ambicionar 112
amedrentar 112
amenazar 62
amilanar 112
aminorar 112
amodorrar 112
amoldar 112
amonestar 112
amontonar 112
amordazar 62
amortajar 112
amortiguar 30
amortizar 62
amotinar 112
amparar 112
ampliar 95
amputar 112

amueblar 112
amurallar 112
analizar 62
anclar 112
andar 15
anduve *voir* andar
anexionar 112
angustiar 112
anhelar 112
anidar 112
animar 112
aniquilar 112
anochecer 16
anotar 112
ansiar 95
anteponer 153
anticipar 112
antojarse 32
anudar 112
anular 112
anunciar 17
añadir 207
apaciguar 30
apadrinar 112
apagar 38
apalear 147
aparcar 174
aparecer 18
aparejar 31
aparentar 112
apartar 112
apasionar 112
apearse 147
apedrear 147
apelar 112
apellidarse 32
apenar 112
apestar 112
apetecer 19
apiadarse 32
apiñar 112
apisonar 112
aplacar 174
aplanar 112
aplastar 112
aplaudir 207

INDEX

aplazar 62
aplicar 174
apodar 112
apoderarse 32
aportar 112
apostar 59
apoyar 112
apreciar 17
apremiar 17
aprender 45
apresar 112
apresurar 112
apretar 20
aprieto *voir* apretar
aprisionar 112
aprobar 21
apropiarse 32
aprovechar 112
aproximar 112
apruebo *voir* aprobar
apuntalar 112
apuntar 112
apuñalar 112
aquejar 31
arañar 112
arar 112
arbitrar 112
archivar 112
arder 45
arengar 38
argüir 22
argumentar 112
armar 112
armonizar 62
arquear 147
arraigar 38
arrancar 23
arranqué *voir* arrancar
arrasar 112
arrastrar 112
arrear 147
arrebatar 112
arreglar 24
arremangar 38
arremeter 45
arrendar 149

arrepentirse 180
arrestar 112
arriar 95
arriesgar 38
arrimar 112
arrinconar 112
arrodillarse 32
arrojar 31
arropar 112
arrugar 38
arruinar 112
arrullar 114
articular 112
asaltar 112
asar 112
ascender 25
asciendo *voir* ascender
asear 147
asediar 17
asegurar 112
asemejarse 32
asentar 149
asentir 180
asesinar 112
asfixiar 112
asgo *voir* asir
asignar 112
asimilar 112
asir 26
asistir 207
asociar 17
asolar 112
asomar 112
asombrar 112
aspirar 112
asquear 147
asumir 207
asustar 112
atacar 174
atañer 45 (a)
atar 112
atardecer 60
atarear 147
atascar 174
ataviar 95

atemorizar 62
atender 93
atenerse 188
atentar 112
atenuar 6
aterrar 112
aterrizar 27
aterrorizar 62
atesorar 112
atestar 112
atestiguar 30
atiborrar 112
atizar 62
atontar 112
atormentar 112
atornillar 114
atracar 174
atraer 196
atragantarse 32
atrancar 174
atrapar 112
atrasar 112
atravesar 28
atreverse 45
atribuir 74
atrofiar 17
atropellar 114
aturdir 207
augurar 112
aullar 6
aumentar 112
aunar 6
ausentarse 32
automatizar 62
autorizar 62
auxiliar 17
avalar 112
avanzar 62
avasallar 114
avenirse 203
aventajar 31
avergonzarse 29
avergüenzo *voir* avergonzarse
averiar 95
averiguar 30

INDEX

avinagrarse 32
avisar 112
avituallar 114
avivar 112
ayudar 112
ayunar 112
azotar 112
azuzar 62

babear 147
bailar 112
bajar 31
balancear 147
balar 112
balbucear 147
bambolearse 32
bañarse 32
barajar 31
barnizar 62
barrer 45
barruntar 112
basar 112
bastar 112
batallar 114
batir 207
bautizar 62
beber 33
bendecir 34
bendigo *voir* bendecir
bendije *voir* bendecir
beneficiar 17
berrear 147
besar 112
bifurcar 174
birlar 112
bizquear 147
blandir 207
blanquear 147
blasfemar 112
blindar 112
bloquear 147
boicotear 147
bombardear 147
bordar 112
bordear 147

borrar 112
bosquejar 31
bostezar 62
botar 112
boxear 147
bracear 147
bramar 112
brillar 114
brincar 174
brindar 112
bromear 147
broncearse 32
brotar 112
bucear 147
burlar 112
buscar 35
busqué *voir* buscar

cabalgar 38
cabecear 147
caber 36
cacarear 147
cacé *voir* cazar
cachear 147
caducar 174
caer 37
caigo *voir* caer
calar 112
calcar 174
calcinar 112
calcular 112
caldear 147
calentar 149
calibrar 112
calificar 174
calmar 112
calumniar 17
callarse 32
callejear 147
calzar 62
cambiar 17
camelar 112
caminar 112
camuflar 112
canalizar 62

cancelar 112
cansar 112
cantar 112
capar 112
capitalizar 62
capitanear 147
capitular 112
captar 112
capturar 112
caracterizar 62
carbonizar 62
carcomer 45
carecer 60
cargar 38
cargué *voir* cargar
casarse 32
cascar 174
castigar 38
castrar 112
catar 112
causar 112
cautivar 112
cavar 112
cavilar 112
cayó *voir* caer
cazar 39
cebar 112
cecear 147
ceder 45
cegar 138
cejar 31
celebrar 112
cementar 112
cenar 112
censurar 112
centellear 147
centralizar 62
centrar 112
centrifugar 38
ceñir 168
cepillar 114
cercar 174
cerciorarse 32
cerner 93
cerrar 40
certificar 174

INDEX

cesar 112
cicatrizar 62
cierro *voir* cerrar
cifrar 112
cimentar 149
cinchar 112
circular 112
circuncidar 112
circundar 112
circunscribir 99
citar 112
civilizar 62
clamar 112
clarear 147
clarificar 174
clasificar 174
claudicar 174
clavar 112
coartar 112
cobijar 31
cobrar 112
cocear 147
cocer 41
cocinar 112
codearse 147
codiciar 17
codificar 174
coexistir 207
coger 42
cohabitar 112
cohibir 156
coincidir 207
cojear 147
cojo *voir* coger
colaborar 112
colar 59
colear 147
coleccionar 112
colegir 83
colgar 43
colmar 112
colocar 174
colonizar 62
colorear 147
columpiar 17
comadrear 147

combatir 207
combinar 112
comedir 148
comentar 112
comenzar 44
comer 45
comercializar 62
comerciar 17
cometer 45
comisionar 112
compadecer 60
comparar 112
comparecer 60
compartir 207
compensar 112
competer 46
competir 148
complacer 135
completar 112
complicar 174
componer 153
comportarse 32
comprar 47
comprender 45
comprimir 207
comprobar 155
comprometer 45
computar 112
comulgar 38
comunicar 174
concebir 48
conceder 45
concentrar 112
concernir 49
concertar 149
concibo *voir* concebir
concierne *voir* concernir
conciliar 17
concluir 74
concordar 8
concretar 112
concurrir 207
condecorar 112
condenar 112
condensar 112

condescender 71
conducir 50
conduje *voir* conducir
conduzco *voir* conducir
conectar 112
confeccionar 112
conferir 180
confesar 149
confiar 95
configurar 112
confinar 112
confirmar 112
confiscar 174
conformarse 32
confortar 112
confrontar 112
confundir 207
congelar 112
congeniar 17
congratular 112
conjugar 38
conmemorar 112
conmover 134
conocer 51
conozco *voir* conocer
conquistar 112
consagrar 112
conseguir 178
consentir 180
conservar 112
considerar 112
consistir 207
consolar 52
consolidar 112
conspirar 112
constar 112
constiparse 32
constituir 74
construir 53
construyo *voir* construir
consuelo *voir* consolar
consultar 112
consumar 112
consumir 207

INDEX

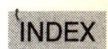

contagiar 17
contaminar 112
contar 54
contemplar 112
contender 93
contener 188
contentar 112
contestar 55
continuar 56
contradecir 67
contraer 196
contrapesar 112
contrariar 95
contrarrestar 112
contrastar 112
contratar 112
contravenir 203
contribuir 74
controlar 112
convalecer 60
convencer 201
convenir 203
converger 42
conversar 112
convertir 180
convidar 112
convocar 174
cooperar 112
coordinar 112
copiar 17
coquetear 147
coronar 112
corregir 57
correr 58
corresponder 45
corrijo *voir* corregir
corroborar 112
corroer 170
corromper 45
cortar 112
cortejar 31
cosechar 112
coser 45
costar 59
cotejar 31
cotizar 62

crear 147
crecer 60
creer 61
creyó *voir* creer
crezco *voir* crecer
criar 95
cribar 112
crispar 112
cristalizar 62
criticar 174
crucé *voir* cruzar
crucificar 174
crujir 207
cruzar 62
cuadrar 112
cuajar 31
cubierto *voir* cubrir
cubrir 63
cuchichear 147
cuelgo *voir* colgar
cuento *voir* contar
cuesta *voir* costar
cuezo *voir* cocer
cuidar 112
culebrear 147
culpar 112
cultivar 112
cumplimentar 112
cumplir 207
cupe *voir* caber
cupieron *voir* caber
cupimos *voir* caber
cupiste *voir* caber
curar 112
curiosear 147
cursar 112
custodiar 17
chamuscar 174
chantajear 147
chapotear 147
chapurrear 147
chapuzar 62
charlar 112
chequear 147
chiflar 112
chillar 114

chirriar 95
chispear 147
chisporrotear 147
chocar 174
chochear 147
chorrear 147
chupar 112

damnificar 174
danzar 62
dañar 112
dar 64
datar 112
deambular 112
debatir 207
deber 65
debilitar 112
debutar 112
decaer 37
decapitar 112
decepcionar 112
decidir 66
decir 67
declamar 112
declarar 112
declinar 112
decolorar 112
decorar 112
decretar 112
dedicar 174
deducir 195
defender 93
definir 207
deformar 112
defraudar 112
degenerar 112
degollar 68
degradar 112
dejar 69
delatar 112
delegar 38
deleitar 112
deletrear 147
deliberar 112
delinquir 70

INDEX

delirar 112
demandar 112
democratizar 62
demoler 134
demorar 112
demostrar 59
denegar 138
denigrar 112
denominar 112
denotar 112
denunciar 17
depender 45
deplorar 112
deponer 153
deportar 112
depositar 112
depravar 112
depreciar 17
deprimir 207
depurar 112
derivar 112
derramar 112
derretir 148
derribar 112
derrocar 174
derrochar 112
derrotar 112
derrumbar 112
desabotonar 112
desabrochar 112
desaconsejar 31
desacreditar 112
desafiar 95
desafinar 112
desagradar 112
desagraviar 17
desahogar 38
desahuciar 17
desairar 112
desajustar 112
desalentar 149
desalojar 31
desamparar 112
desandar 15
desanimar 112
desaparecer 18

desaprobar 21
desaprovechar 112
desarmar 112
desarraigar 38
desarrollar 114
desarticular 112
desasir 26
desatar 112
desatender 93
desatornillar 114
desautorizar 62
desayunar 112
desbandar 112
desbaratar 112
desbordar 112
descabalgar 38
descabezar 62
descalzar 62
descansar 112
descargar 38
descarriar 95
descartar 112
descender 71
desciendo *voir*
  descender
descifrar 112
descolgar 43
descolorirse 207
descomponer 153
desconcertar 149
desconectar 112
desconfiar 95
desconocer 51
desconsolar 52
descontar 54
descorchar 112
descorrer 58
descoser 207
descoyuntar 112
describir 99
descubierto *voir*
  descubrir
descubrir 72
descuidar 112
desdecir 67
desdeñar 112

desdoblar 112
desear 147
desechar 112
desembarazar 62
desembarcar 84
desembocar 174
desempeñar 112
desencadenar 112
desencajar 31
desengañar 112
desenredar 112
desentenderse 93
desenterrar 149
desentrañar 112
desentumecer 60
desenvolver 210
desertar 149
desesperar 101
desfallecer 60
desfigurar 112
desfilar 112
desgajar 31
desgañitarse 32
desgarrar 112
desgastar 112
desgravar 112
desguazar 62
deshacer 113
deshelar 115
desheredar 112
deshilar 112
deshilvanar 112
deshinchar 112
deshonrar 112
designar 112
desilusionar 112
desinfectar 112
desinflar 112
desistir 207
desligar 38
deslizar 62
deslumbrar 112
desmandarse 32
desmantelar 112
desmayarse 32
desmejorar 112

INDEX

desmentir 130
desmenuzar 62
desmontar 112
desmoralizar 62
desmoronarse 32
desnudar 112
desobedecer 140
desocupar 112
desolar 112
desorientar 112
despabilar 112
despachar 112
desparramar 112
despedazar 62
despedir 148
despegar 38
despeinar 112
despejar 31
despenalizar 62
despertarse 73
despierto *voir* despertarse
despistar 112
desplegar 138
despoblar 155
despojar 31
desposeer 125
despreciar 17
desprender 45
despreocuparse 32
destacar 174
destapar 112
desteñir 168
desterrar 149
destilar 112
destinar 112
destituir 74
destornillar 114
destrozar 62
destruir 74
destruye *voir* destruir
desunir 207
desvanecer 60
desvariar 95
desvelar 112
desviar 95

desvivirse 207
detallar 114
detener 188
deteriorar 112
determinar 112
detestar 112
detonar 112
devolver 210
devorar 112
di *voir* decir, dar
dibujar 31
dice *voir* decir
dicho *voir* decir
dictar 112
dieron *voir* dar
diferenciar 17
dificultar 112
difundir 186
diga *voir* decir
digerir 75
dignarse 32
digo *voir* decir
dije *voir* decir
dilatar 112
diluir 74
dimitir 207
diré *voir* decir
dirigir 76
dirijo *voir* dirigir
discernir 77
discierno *voir* discernir
disciplinar 112
discrepar 112
disculpar 112
discurrir 207
discutir 207
disecar 174
diseminar 112
disfrazar 62
disfrutar 112
disgustar 110
disimular 112
disipar 112
disminuir 74
disolver 210

disparar 112
dispensar 112
dispersar 112
disponer 153
disputar 112
distanciar 17
diste *voir* dar
distingo *voir* distinguir
distinguir 78
distraer 196
distribuir 74
disuadir 207
divagar 38
diversificar 174
divertirse 79
dividir 207
divierto *voir* divertirse
divorciarse 32
divulgar 38
doblar 112
doblegar 38
doler 80
domar 112
domesticar 174
dominar 112
dormir 81
dotar 112
doy *voir* dar
drogar 38
ducharse 32
duele *voir* doler
duermo *voir* dormir
duplicar 174
durar 112

echar 112
editar 112
educar 82
efectuar 6
ejecutar 112
ejercer 201
elaborar 112
electrizar 62

INDEX

electrocutar 112
elegir 83
elevar 112
elijo *voir* elegir
eliminar 112
elogiar 17
eludir 207
emanar 112
emancipar 112
embadurnar 112
embalar 112
embarazar 62
embarcar 84
embargar 38
embarqué *voir* embarcar
embellecer 60
embestir 205
embobar 112
embolsar 112
emborrachar 112
embotar 112
embotellar 114
embragar 38
embravecer 60
embriagar 38
embrollar 114
embrutecer 60
embutir 207
emerger 175
emigrar 112
emitir 207
emocionar 112
empalmar 112
empañar 112
empapar 112
empapelar 112
empaquetar 112
empastar 112
empatar 112
empeñar 112
empeorar 112
empequeñecer 60
empezar 85
empiezo *voir* empezar
empinar 112

emplazar 62
emplear 147
empotrar 112
emprender 45
empujar 86
empuñar 112
emular 112
enamorarse 32
enardecer 60
encabezar 62
encadenar 112
encajar 31
encaminar 112
encantar 112
encaramar 112
encarcelar 112
encarecer 60
encargar 38
encauzar 62
encender 87
encerrar 40
enciendo *voir* encender
encoger 42
encolar 112
encolerizar 62
encomendar 149
encontrar 88
encorvar 112
encrespar 112
encubrir 63
encuentro *voir* encontrar
enchufar 112
enderezar 62
endeudarse 32
endosar 112
endulzar 62
endurecer 60
enemistar 112
enfadarse 32
enfermar 112
enflaquecer 60
enfocar 174
enfrentar 112
enfriar 89

enfurecerse 90
enfurezco *voir* enfurecerse
enganchar 112
engañar 112
engatusar 112
engendrar 112
engordar 112
engrasar 112
engreírse 166
engrosar 112
enhebrar 112
enjabonar 112
enjaular 112
enjuagar 38
enlazar 62
enloquecer 60
enlutar 112
enmarañar 112
enmascarar 112
enmendar 149
enmohecer 60
enmudecer 91
enmudezco *voir* enmudecer
ennegrecer 60
ennoblecer 60
enojar 31
enorgullecerse 90
enraizar 92
enredar 112
enriquecer 60
enrojecer 60
enrollar 114
enroscar 174
ensalzar 62
ensanchar 112
ensangrentar 112
ensañarse 32
ensayar 112
enseñar 112
ensillar 114
ensimismar 112
ensordecer 60
ensortijar 31
ensuciar 17

INDEX

entablar 112
entallar 114
entender 93
enterarse 32
enternecer 60
enterrar 149
entibiar 17
entiendo *voir* entender
entonar 112
entornar 112
entorpecer 60
entrar 94
entreabrir 4
entregar 38
entrelazar 62
entremezclar 112
entrenar 112
entreoír 143
entretener 188
entrevistar 112
entristecer 60
entrometer 45
entumecer 60
enturbiar 17
entusiasmar 112
enumerar 112
enunciar 17
envanecerse 90
envasar 112
envejecer 60
envenenar 112
enviar 95
envidiar 112
envilecer 60
enviudar 112
envolver 210
equilibrar 112
equipar 112
equivaler 200
equivocarse 96
era *voir* ser
erguir 97
erigir 76
erizar 62

erradicar 174
errar 98
eructar 137
es *voir* ser
escabullirse 109
escalar 112
escampar 112
escandalizar 62
escapar 112
escarbar 112
escarmentar 149
escasear 147
escatimar 112
esclarecer 60
esclavizar 62
escocer 41
escoger 42
escoltar 112
esconder 45
escribir 99
escrito *voir* escribir
escrutar 112
escuchar 112
escudar 112
escudriñar 112
esculpir 207
escupir 207
escurrir 207
esforzarse 100
esfuerzo *voir* esforzarse
esfumarse 32
esmaltar 112
esmerarse 32
espabilar 112
espaciar 17
espantar 112
esparcir 212
especificar 174
especular 112
esperar 101
espesar 112
espiar 95
espirar 112
espolear 147
espolvorear 147

esponjar 31
esposar 112
esquematizar 62
esquilar 112
esquivar 112
establecer 60
estacionar 112
estafar 112
estallar 114
estampar 112
estancar 174
estandarizar 62
estar 102
esterilizar 62
estilarse 32
estimar 112
estimular 112
estipular 112
estirar 112
estofar 112
estorbar 112
estornudar 112
estoy *voir* estar
estrangular 112
estrechar 112
estrellar 114
estremecer 60
estrenar 112
estreñir 168
estribar 112
estropear 147
estructurar 112
estrujar 31
estudiar 17
evacuar 103
evadir 207
evaluar 6
evaporar 112
evitar 112
evocar 174
evolucionar 112
exacerbar 112
exagerar 112
exaltar 112
examinar 112
exasperar 112

INDEX

exceder 45
exceptuar 6
excitar 112
exclamar 112
excluir 74
excomulgar 38
excusar 112
exhalar 112
exhibir 207
exhortar 112
exigir 104
exijo *voir* exigir
existir 207
exonerar 112
expansionar 112
expatriar 17
expedir 148
experimentar 112
expiar 95
expirar 112
explayarse 32
explicar 105
expliqué *voir* explicar
explorar 112
explosionar 112
explotar 112
exponer 153
exportar 112
expresar 112
exprimir 207
expropiar 17
expulsar 112
expurgar 38
extender 93
extenuar 6
exterminar 112
extinguir 78
extirpar 112
extraer 196
extrañar 112
extraviar 95
extremar 112
eyacular 112

fabricar 174
facilitar 112
facturar 112
fallar 114
fallecer 60
falsificar 174
faltar 112 (a)
familiarizar 62
fascinar 112
fastidiar 17
fatigar 38
favorecer 60
fecundar 112
felicitar 112
fermentar 112
fertilizar 62
festejar 31
fiarse 95
fichar 112
figurar 112
fijar 31
filmar 112
filtrar 112
finalizar 62
financiar 17
fingir 76
firmar 112
fisgar 38
flirtear 147
florecer 60
flotar 112
fluctuar 6
fluir 74
fomentar 112
forjar 31
formalizar 62
formar 112
forrar 112
fortalecer 60
forzar 13
fotocopiar 17
fotografiar 95
fracasar 112
fraccionar 112
fraguar 30
franquear 147

fregar 106
freír 107
frenar 112
friego *voir* fregar
frío *voir* freír
frotar 112
fruncir 212
frustar 112
fue *voir* ser, ir
fuera *voir* ser, ir
fuéramos *voir* ser, ir
fueron *voir* ser, ir
fugarse 38
fui *voir* ser, ir
fulminar 112
fumar 112
funcionar 112
fundar 112
fundir 186
fusilar 112

galopar 112
ganar 112
garantizar 62
gastar 112
gatear 147
gemir 108
generalizar 62
generar 112
germinar 112
gestionar 112
gimo *voir* gemir
gimotear 147
girar 112
glorificar 174
glosar 112
gobernar 112
golpear 147
gorjear 147
gotear 147
gozar 62
grabar 112
graduar 6
granizar 62
granjear 147

INDEX

gravar 112
gravitar 112
graznar 112
gritar 112
gruñir 109
guardar 112
guarnecer 60
guasear 147
guerrear 147
guiar 95
guiñar 112
guisar 112
gustar 110

ha *voir* haber
haber 111
habilitar 112
habitar 112
habituarse 6
hablar 112
habré *voir* haber
habremos *voir* haber
habría *voir* haber
hacer 113
hacinar 112
hago *voir* hacer
halagar 38
hallarse 114
han *voir* haber
haré *voir* hacer
hartar 112
has *voir* haber
hastiar 95
hay *voir* haber
haya *voir* haber
haz *voir* hacer
he *voir* haber
hechizar 62
hecho *voir* hacer
heder 93
helar 115
hemos *voir* haber
heredar 112
herir 116
hermanar 112

herrar 149
hervir 116
hice *voir* hacer
hiela *voir* helar
hiere *voir* herir
hilar 112
hilvanar 112
hincar 174
hinchar 112
hipar 112
hipnotizar 62
hizo *voir* hacer
hojear 147
hollar 59
homogeneizar 62
honrar 112
horadar 112
horripilar 112
horrorizar 62
hospedar 112
hospitalizar 62
hostigar 38
hube *voir* haber
hubieron *voir* haber
huelo *voir* oler
huir 117
humanizar 62
humear 147
humedecer 60
humillar 114
hundir 186
hurgar 38
hurtar 112
husmear 147
huyo *voir* huir

idealizar 62
idear 147
identificar 174
ignorar 112
igualar 112
iluminar 112
ilustrar 112
imaginar 112
imitar 112

impartir 207
impedir 148
impeler 45
imperar 112
implicar 174
implorar 112
imponer 153
importar 112
importunar 112
imposibilitar 112
imprecar 174
impregnar 112
impresionar 112
imprimir 207
improvisar 112
impugnar 112
impulsar 112
imputar 112
inaugurar 112
incapacitar 112
incautar 112
incendiar 17
incidir 66
incinerar 112
incitar 112
inclinar 112
incluir 74
incomodar 112
incorporar 112
increpar 112
incrustar 112
incubar 112
inculcar 174
inculpar 112
incurrir 186
indagar 38
indemnizar 62
indicar 118
indignar 112
inducir 195
indultar 112
industrializar 62
infectar 112
inferir 180
infestar 112
inflamar 112

INDEX

inflar 112
infligir 76
influenciar 17
influir 74
informar 112
infringir 76
infundir 186
ingeniar 17
ingerir 180
ingresar 112
inhibir 207
iniciar 17
injertar 112
injuriar 17
inmiscuirse 74
inmolar 112
inmortalizar 62
inmutar 112
innovar 112
inquietar 112
inquirir 9
inscribir 99
insertar 112
insinuar 6
insistir 207
insonorizar 62
inspeccionar 112
inspirar 112
instalar 112
instar 112
instigar 38
instituir 74
instruir 74
insubordinarse 32
insultar 112
integrar 112
intentar 119
intercalar 112
interceder 45
interesar 112
interferir 116
internar 112
interpelar 112
interponer 153
interpretar 112
interrogar 38

interrumpir 186
intervenir 203
intimar 112
intrigar 38
introducir 120
introduzco *voir*
  introducir
inundar 112
inutilizar 62
invadir 207
inventar 112
invertir 180
investigar 38
invitar 112
invocar 174
inyectar 112
ir 121
irrigar 38
irritar 112
irrumpir 186
izar 62

jabonar 112
jactarse 32
jadear 147
jubilarse 32
juego *voir* jugar
juegue *voir* jugar
jugar 122
juntar 112
jurar 112
justificar 174
juzgar 123

labrar 112
lacrar 112
ladear 147
ladrar 112
lamentar 112
lamer 45
laminar 112
languidecer 60
lanzar 62
lapidar 112

largar 38
lastimar 112
latir 207
lavar 124
leer 125
legalizar 62
legar 38
legislar 112
legitimar 112
lesionar 112
levantar 112
leyó *voir* leer
liar 95
libar 112
liberar 112
libertar 112
librar 112
licenciar 17
licuar 112
lidiar 17
ligar 38
limar 112
limitar 112
limpiar 17
linchar 112
liquidar 112
lisiar 17
lisonjear 147
litigar 38
llamar 126
llamear 147
llegar 127
llenar 112
llevar 112
llorar 112
lloriquear 147
llover 128
lloviznar 112
llueve *voir* llover
localizar 62
lograr 112
lubricar 174
luchar 112
lucir 129
lustrar 112
luzco *voir* lucir

INDEX

macerar 112
machacar 174
madrugar 38
madurar 112
magnetizar 62
magullar 114
maldecir 67
malgastar 112
malograr 112
maltratar 112
malversar 112
malvivir 207
mamar 112
manar 112
manchar 112
mandar 112
manejar 31
mangonear 147
maniatar 112
manifestar 149
maniobrar 112
manipular 112
manosear 147
mantener 188
maquillar 114
maquinar 112
maravillar 114
marcar 174
marcharse 32
marchitar 112
marear 147
marginar 112
martillear 147
martirizar 62
mascar 174
mascullar 114
masticar 174
masturbarse 32
matar 112
matizar 62
matricular 112
mecanizar 62
mecer 201
mediar 17
medicar 174
medir 148

meditar 112
mejorar 112
mencionar 1
mendigar 38
menear 147
menguar 112
menoscabar 112
menospreciar 17
mentar 112
mentir 130
merecer 131
merendar 112
mermar 112
meter 45
mezclar 112
miento *voir* mentir
militar 112
mimar 112
minar 112
mirar 112
modelar 112
moderar 112
modernizar 62
modificar 174
mofar 112
mojar 31
moler 134
molestar 112
mondar 112
montar 112
moralizar 62
morder 132
morir 133
mortificar 174
mostrar 59
motivar 112
motorizar 62
mover 134
movilizar 62
mudar 112
muerdo *voir* morder
muero *voir* morir
muevo *voir* mover
mugir 76
mullir 109
multar 112

multiplicar 174
murmurar 112
musitar 112
mutilar 112

nacer 135
nacionalizar 62
nadar 136
narcotizar 62
narrar 112
naturalizar 62
naufragar 38
navegar 38
nazco *voir* nacer
necesitar 137
negar 138
negociar 17
neutralizar 62
nevar 139
neviscar 174
niego *voir* negar
nieva *voir* nevar
niquelar 112
nivelar 112
nombrar 112
normalizar 62
notar 112
notificar 174
nublarse 32
numerar 112
nutrir 186

obcecarse 96
obedecer 140
obedezco *voir*
  obedecer
objetar 112
obligar 141
obrar 112
obsequiar 17
observar 112
obsesionar 112
obstaculizar 62
obstinarse 32

INDEX

obstruir 74
obtener 188
ocasionar 112
ocultar 112
ocupar 112
ocurrir 186
odiar 17
ofender 202
ofrecer 142
ofrezco *voir* ofrecer
ofuscarse 96
oiga *voir* oír
oído *voir* oír
oír 143
ojear 147
oler 144
olfatear 147
olvidar 112
omitir 207
ondear 147
ondular 112
operar 112
opinar 112
oponer 153
opositar 112
oprimir 207
optar 112
opugnar 112
orar 112
ordenar 112
ordeñar 112
organizar 62
orientar 112
originar 112
orillar 114
orinar 112
ornar 112
osar 112
oscilar 112
oscurecer 60
ostentar 112
otear 147
otorgar 38
ovacionar 112
ovillar 114
ovular 112

oxidar 112
oxigenar 112
oye *voir* oír

pacer 60
pacificar 174
pactar 112
padecer 60
pagar 145
paladear 147
paliar 17
palidecer 60
palpar 112
palpitar 112
paralizar 62
parar 112
parecer 146
parir 207
parlamentar 112
parodiar 17
parpadear 147
participar 112
partir 207
pasar 112
pasear 147
pasmar 112
pastar 112
patalear 147
patear 147
patentizar 62
patinar 112
patrocinar 112
pecar 174
pedalear 147
pedir 148
pegar 38
peinar 112
pelar 112
pelear 147
pellizcar 174
penar 112
pender 202
penetrar 112
pensar 149
percatarse 32

percibir 160
perder 150
perdonar 112
perdurar 112
perecer 60
perfeccionar 112
perfilar 112
perforar 112
perjudicar 174
perjurar 112
permanecer 14
permitir 207
permutar 112
perpetrar 112
perpetuar 6
perseguir 178
perseverar 112
persignarse 32
persistir 207
personarse 32
personificar 174
persuadir 207
pertenecer 151
perturbar 112
pervertir 180
pesar 112
pescar 174
pestañear 177
petrificar 174
piar 95
picar 174
pidió *voir* pedir
pido *voir* pedir
pienso *voir* pensar
pierdo *voir* perder
pillar 114
pinchar 112
pintar 112
pisar 112
pisotear 147
pitar 112
plagar 38
planchar 112
planear 147
planificar 174
plantar 112

INDEX

plantear 147
plañir 109
plasmar 112
platicar 174
plegar 138
poblar 167
podar 112
poder 152
podrido *voir* pudrir
polarizar 62
pon *voir* poner
ponderar 112
pondré *voir* poner
poner 153
pongo *voir* poner
popularizar 62
porfiar 95
portarse 32
posar 112
poseer 125
posibilitar 112
posponer 153
postrar 112
postular 112
practicar 174
precaver 45
preceder 45
preciarse 32
precintar 112
precipitar 112
precisar 112
preconizar 62
predecir 67
predicar 174
predisponer 153
predominar 112
prefabricar 174
preferir 154
prefiero *voir* preferir
pregonar 112
preguntar 112
premeditar 112
premiar 17
prendarse 32
prender 45
prensar 112

preocupar 112
preparar 112
presagiar 17
prescindir 207
prescribir 99
presenciar 17
presentar 112
presentir 180
preservar 112
presidir 207
presionar 112
prestar 112
presumir 207
presuponer 153
pretender 45
prevalecer 60
prevenir 203
prever 204
principiar 17
privar 112
probar 155
proceder 45
procesar 112
proclamar 112
procrear 147
procurar 112
producir 195
profanar 112
proferir 180
profesar 112
profetizar 62
profundizar 62
programar 112
progresar 112
prohibir 156
prohijar 92
proliferar 112
prolongar 38
prometer 45
promover 134
promulgar 38
pronosticar 174
pronunciar 17
propagar 38
proponer 153
proporcionar 112

propulsar 112
prorrogar 38
prorrumpir 207
proscribir 99
proseguir 178
prosperar 112
prostituir 74
proteger 157
protestar 112
proveer 125
provenir 203
provocar 174
proyectar 112
pruebo *voir* probar
publicar 174
pudrir 158
puedo *voir* poder
pugnar 112
pulimentar 112
pulir 186
pulsar 112
pulular 112
pulverizar 62
puntear 147
puntualizar 62
punzar 62
purgar 38
purificar 174
puse *voir* poner

quebrantar 112
quebrar 149
quedar 112
quejarse 31
quemar 112
quepo *voir* caber
querellar 114
querer 159
quiero *voir* querer
quisiera *voir* querer
quiso *voir* querer
quitar 112

INDEX

rabiar 17
racionalizar 62
racionar 112
radiar 17
radicar 174
radiografiar 95
raer 37
rajar 31
rallar 114
ramificar 174
rapar 112
raptar 112
rasar 112
rascar 174
rasgar 38
raspar 112
rasurar 112
ratificar 174
rayar 112
razonar 112
reabastecer 60
reaccionar 112
reactivar 112
reafirmar 112
reagrupar 112
realizar 62
reanimar 112
reanudar 112
rebajar 31
rebasar 112
rebatir 207
rebelar 112
reblandecer 60
rebosar 112
rebotar 112
rebozar 62
rebuscar 34
rebuznar 112
recaer 37
recalcar 174
recalentar 112
recapacitar 112
recatar 112
recelar 112
recibir 160
reciclar 112

recitar 112
reclamar 112
reclinar 112
recluir 74
reclutar 112
recobrar 112
recoger 42
recomendar 149
recompensar 112
reconciliar 17
reconocer 51
reconstruir 74
recopilar 112
recordar 161
recorrer 58
recortar 112
recostar 112
recrear 147
recriminar 112
rectificar 174
recubrir 63
recuerdo *voir* recordar
recular 112
recuperar 112
recurrir 207
rechazar 62
rechinar 112
redactar 112
redimir 207
redoblar 112
redondear 147
reducir 162
reembolsar 112
reemplazar 62
referir 180
refinar 112
reflejar 31
reflexionar 112
reformar 112
reforzar 62
refractar 112
refrenar 112
refrendar 112
refrescar 174
refrigerar 112
refugiarse 32

refulgir 76
refunfuñar 112
refutar 112
regalar 163
regañar 112
regar 138
regatear 147
regenerar 112
regentar 112
regir 83
registrar 112
reglamentar 112
reglar 112
regocijar 31
regresar 112
regular 112
rehabilitar 112
rehacer 113
rehogar 38
rehuir 164
rehusar 165
rehúyo *voir* rehuir
reinar 112
reincidir 66
reincorporar 112
reintegrar 112
reír 166
reiterar 112
reivindicar 174
rejonear 147
rejuvenecer 60
relacionar 112
relajar 31
relamer 45
relampaguear 147
relatar 112
relegar 38
relevar 112
relinchar 112
rellenar 112
relucir 129
relumbrar 112
remachar 112
remar 112
rematar 112
remediar 17

INDEX

remendar 149	resecar 174	revalidar 112
remitir 207	resentir 180	revalorizar 62
remojar 31	reseñar 112	revelar 112
remolcar 174	reservar 112	reventar 149
remolinarse 32	resfriarse 95	reverberar 112
remontar 112	resguardar 112	reverdecer 60
remorder 132	residir 207	reverenciar 17
remover 134	resignarse 32	revertir 180
remunerar 112	resistir 207	revestir 205
renacer 135	resolver 210	revisar 112
rendir 148	resonar 185	revivir 207
renegar 138	resoplar 112	revocar 174
renovar 167	respaldar 112	revolcar 209
renuevo *voir* renovar	respetar 112	revolotear 149
renunciar 17	respirar 112	revolucionar 112
reñir 168	resplandecer 60	revolver 210
reorganizar 62	responder 45	rezagar 38
reparar 112	resquebrajar 31	rezar 62
repartir 207	restablecer 60	rezongar 38
repasar 112	restallar 114	ribetear 147
repatriar 17	restar 112	ridiculizar 62
repeler 45	restaurar 112	rifar 112
repercutir 186	restituir 74	rimar 112
repetir 169	restregar 138	riño *voir* reñir
repicar 174	restringir 76	río *voir* reír
replegar 138	resucitar 112	rivalizar 62
replicar 174	resultar 112	rizar 62
repoblar 167	resumir 186	robar 112
reponer 153	retar 112	robustecer 60
reposar 112	retardar 112	rociar 95
reprender 45	retener 188	rodar 59
representar 112	retirar 112	rodear 147
reprimir 207	retocar 190	**roer 170**
reprobar 155	retorcer 192	**rogar 171**
reprochar 112	retornar 112	**romper 172**
reproducir 195	retozar 62	roncar 174
repudiar 17	retractarse 32	rondar 112
repugnar 112	retraer 196	ronronear 147
repujar 31	retransmitir 207	roto *voir* romper
requerir 180	retrasar 112	rotular 112
requisar 112	retratar 112	roturar 112
resaltar 112	retribuir 74	rozar 62
resarcir 212	retroceder 45	roznar 112
resbalar 112	retumbar 112	ruborizarse 62
rescatar 112	reunificar 174	rubricar 174
rescindir 207	reunir 207 (b)	ruego *voir* rogar

INDEX

rugir 76
rumiar 17
rumorearse 32

saber 173
saborear 147
sabotear 147
sacar 174
saciar 17
sacrificar 174
sacudir 186
sal *voir* salir
salar 112
saldar 112
salgo *voir* salir
salir 175
salpicar 174
saltar 112
saltear 147
saludar 112
salvaguardar 112
salvar 112
sanar 112
sancionar 112
sanear 147
sangrar 112
santificar 174
santiguar 30
saqué *voir* sacar
saquear 147
satisfacer 176
satisfago *voir* satisfacer
saturar 112
sazonar 112
se *voir* saber, ser
sé *voir* saber, ser
secar 177
secuestrar 112
secundar 112
sedimentar 112
seducir 195
segar 138
segregar 38
seguir 178

seleccionar 112
sellar 114
sembrar 149
semejar 31
sentarse 179
sentenciar 17
sentir 180
señalar 112
sepa *voir* saber
separar 112
sepultar 112
sequé *voir* secar
ser 181
serenar 112
serpentear 147
serrar 149
servir 182
sido *voir* ser
siento *voir* sentir, sentarse
significar 174
sigo *voir* seguir
sigue *voir* seguir
silbar 112
silenciar 17
simpatizar 62
simplificar 174
simular 112
sincronizar 62
sintetizar 62
sirvo *voir* servir
sisear 147
sitiar 17
situar 183
sobornar 112
sobrar 112
sobrecargar 38
sobrellevar 112
sobrepasar 112
sobreponer 153
sobresalir 175
sobresaltar 112
sobrevivir 207
socorrer 58
sofocar 174
sois *voir* ser

soldar 112
soler 184
solicitar 112
sollozar 62
soltar 59
solucionar 112
solventar 112
someter 45
somos *voir* ser
son *voir* ser
sonar 185
sondear 147
sonreír 166
soñar 185
sopesar 112
soplar 112
soportar 112
sorber 33
sorprender 45
sortear 147
sosegar 38
sospechar 112
sostener 188
soterrar 112
soy *voir* ser
suavizar 62
subastar 112
subdividir 207
subestimar 112
subir 186
subrayar 112
subsanar 112
subscribir 99
subsistir 207
subvencionar 112
subyugar 38
suceder 45
sucumbir 186
sudar 112
suelo *voir* soler
sueño *voir* soñar
sufrir 207
sugerir 187
sugestionar 112
sugiero *voir* sugerir
suicidarse 32

INDEX

sujetar 112
sumar 112
sumergir 76
suministrar 112
sumir 186
supe *voir* saber
supeditar 112
superar 112
supervisar 112
suplicar 174
suplir 186
suponer 153
suprimir 207
surcar 174
surgir 76
surtir 186
suscitar 112
suscribir 99
suspender 202
suspirar 112
sustentar 112
sustituir 74
sustraer 196
susurrar 112

tabular 112
tachar 112
taladrar 112
talar 112
tallar 114
tambalearse 32
tamizar 62
tantear 147
tañer 45 (a)
tapar 112
tapiar 17
tapizar 62
tararear 147
tardar 112
tartamudear 147
tasar 112
tatuar 6
teclear 147
tejer 45
telefonear 147

televisar 112
temblar 149
temer 45
templar 112
ten *voir* tener
tender 93
tener 188
tengo *voir* tener
tensar 112
tentar 149
teñir 168
teorizar 62
terciar 17
tergiversar 112
terminar 189
tersar 112
testar 112
testificar 174
testimoniar 17
tildar 112
timar 112
tintinear 147
tirar 112
tiritar 112
tirotear 147
titilar 112
titubear 147
titular 112
tiznar 112
tocar 190
tolerar 112
tomar 191
tonificar 174
topar 112
toqué *voir* tocar
torcer 192
torear 147
tornar 112
torpedear 147
torturar 112
toser 193
tostar 59
trabajar 194
trabar 112
traducir 195
traer 196

traficar 174
tragar 38
traicionar 112
traigo *voir* traer
traje *voir* traer
trajinar 112
tramar 112
tramitar 112
tranquilizar 62
transbordar 112
transcurrir 207
transferir 116
transfigurar 112
transformar 112
transigir 76
transitar 112
transmitir 207
transparentarse 32
transpirar 112
transponer 153
transportar 112
trascender 25
trasegar 138
trasgredir 207
trasladar 112
traslucir 129
trasnochar 112
traspasar 112
trasplantar 112
trastornar 112
tratar 112
trazar 62
trenzar 62
trepar 112
trepidar 112
tributar 112
trillar 114
trincar 174
trinchar 112
tripular 112
triturar 112
triunfar 112
trivializar 62
trocar 209
tronar 197
tronchar 112

INDEX

tropezar 198
tropiezo *voir* tropezar
trotar 112
truena *voir* tronar
truncar 174
tuerzo *voir* torcer
tumbar 112
tundir 186
turbar 112
turnarse 32
tutear 147
tutelar 112

ubicar 174
ufanarse 32
ulcerar 112
ultimar 112
ultrajar 31
ulular 112
uncir 212
undular 112
ungir 76
unificar 174
uniformar 112
unir 207
untar 112
urbanizar 62
urdir 186
urgir 76
usar 112
usurpar 112
utilizar 62

va *voir* ir
vaciar 199
vacilar 112
vacunar 112
vadear 147
vagar 38
vais *voir* ir
valer 200
valgo *voir* valer
vallar 114
valorar 112

valuar 6
vamos *voir* ir
van *voir* ir
vanagloriarse 32
vaporizar 62
variar 95
vas *voir* ir
vaya *voir* ir
ve *voir* ir, ver
vedar 112
velar 112
ven *voir* venir
vencer 201
vendar 112
vender 202
venerar 112
vengar 38
vengo *voir* venir
venir 203
ventilar 112
ver 204
veranear 147
verdear 147
verificar 174
versar 112
verter 93
vestirse 205
vetar 112
vi *voir* ver
viajar 206
vibrar 112
viciar 17
vigilar 112
vincular 112
vindicar 174
vine *voir* venir
violar 112
violentar 112
virar 112
visitar 112
vislumbrar 112
visto *voir* vestirse, ver
vitorear 147
vivificar 174
vivir 207
vocalizar 62

vocear 147
vociferar 112
volar 208
volcar 209
voltear 147
volver 210
vomitar 112
votar 112
voy *voir* ir
vuelco *voir* volcar
vuelo *voir* volar
vuelvo *voir* volver
vulnerar 112

yacer 211
yazco *voir* yacer
yazgo *voir* yacer
yergo *voir* erguir
yerro *voir* errar
yuxtaponer 153

zafar 112
zaherir 116
zambullir 109
zampar 112
zanjar 31
zapatear 147
zarandear 147
zarpar 112
zigzaguear 147
zozobrar 112
zumbar 112
zurcir 212
zurrar 112